U0337367

Xinjiang Discovery Series

新疆探索发现系列丛书

总主编 / 李翠玲

主 编 / 巫新华

# 穿过亚洲

## （下）

[瑞典] 斯文·赫定 / 著

赵书玄 张 鸣 王 蓓 / 译

新疆人民出版社

（新疆少数民族出版基地）

穿越藏北和柴达木

第
七
十
一
章

# 翻越昆仑山山口

6月29日，我们都在太阳初升之时起床。我那花园中宁静的房子已经被收拾干净了，马匹配好了载物鞍座，背上驮着行李箱与盒子被牵了进来。它们中有几匹由于经历了长时间休息的缘故，变得难于控制而易受惊吓，在整个首日旅行的进程当中，都必须把它们单独牵着。

当伙计们安排着出发之前的准备工作的时候，我前去拜访刘大人，向他道别，并赠给他一块金表当作礼物，那是我从一个来自拉达克的富商那里购得的。城中的军事指挥官曾经送给我一块在帐篷中用的品质极佳的地毯，我回赠给他一把左轮手枪以及我们富余的弹药。阿里木·阿洪则得到了一个铃铛和一件长袍。事实上，无论在任何方面曾经有助于我的人都没有被我略过。鞑靼商人穆罕默德·拉菲科夫负责将我搜集到的考古文物、野骆驼皮和我在和阗购买的大量地毯都送到我家，感谢他的精心看护以及彼得罗夫斯基先生的慷慨帮助，所有东西都到达了斯德哥尔摩，而且没有在路途当中遭到一丁点儿损坏。

等一切就绪已经10点钟了，被一队徒步和骑马的伙计们引领着的20匹马和30头驴子组成了长长的旅行队伍，开始向东进发。是的，我们终于要向着远东前进了！

我们走了将近一个小时之后到达玉龙喀什河的左岸,这条河现在看起来与一个月之前的情形大相径庭。那时候它仅仅包括一个单独的水道,我们毫不费力地就能骑马蹚过;而现在,它分成了4条分支,其中最大的水流位于离右岸最近的水道之中。实际上,这条河现在正处于夏季洪水猛涨的状态,激流以无比迅猛之势冲下来,使我们脚下的大地都在颤抖。我在前一天已经测量了水流量,发现其达到了每秒12700立方英尺。不过幸运的是,河水水位在夜里下降了14英寸。即使是这样,我们也必须求助于十来个船工,让他们为我们效劳。他们首先把驮着供给品、帐篷以及较沉的行李的马匹带了过去。在那第四条也是最难渡过的支流旁边延展着一座地势很低并满是碎石的小岛,摆渡者在那里放着一条又长又窄、极其简陋的小船,形状就像一只椭圆形的盒子。我和约尔达西三世乘坐这种原始的运输工具,和一些较为容易损坏的箱子一起被运过了河。约尔达西三世对于以如此摇摆不定的方式渡河感到万分惬意。河水混浊得要命,水温为57.9°F(14.4℃)。

过了玉龙喀什河之后,道路穿过一连串中间几乎没有间隔的村庄,全部都掩映在夏天繁茂的绿色植物之下。我们还越过不计其数的灌溉水渠,里面的水满满当当一直充盈到岸边。水渠所形成的水道网从河中掠走了不小的水量。

我们在桑普拉(Sampulla)的一所上等的房子里度过了出发后的第一晚。

第二天,也就是6月30日,我们经过了和阗绿洲最东南边缘的一些村庄。最后一条灌溉水渠止于库塔孜林格尔(Kutaz-lengher,牦牛休息站),从此处开始,所有的植物突兀地一下子全部看不见了,这种变化之急剧就仿佛是它们全都被开水给烫得消失了。在分界线那边,就连一片绿色的草叶也无从寻觅。在我们眼前,一片寸草不生的河滩铺展开来,这是一种位于沙漠和山地之间的过渡区域,我们在科帕和索尔嘎克已经见识过这种地形。地表很坚硬,是黄色的,以非常轻缓的坡度微微上倾。这块河滩位于山脚之下,完全是一片碎石堆,在河滩地带与沙漠地带之间存在一条狭窄的孤立的绿洲,旅行商队行走的道路就从其上穿过。河滩被不计其数的小水流割裂开来,水流都是从昆仑山脉的北坡上流下来的,冲蚀出深深的水道。其中,我们所越过的最大的水流包

585

括乌鲁克萨依（Ullug-sai）、于阗河、尼雅河、托兰霍加（Tollan-khoja）、博斯坦托格拉克（Bostan-tograk）、蒙地亚（Mölldya）和喀拉穆兰河（Kara-muran）。在这几条河流从山脉中流出的地方有一些小村庄，其周围生长着大麦，那里的居民主要就是依靠这种作物以及饲养牛羊维持生计。所以说，塔里木区域的绿洲可以被分为三种形式：一是沿着河岸的绿洲。二是位于沙漠边缘依靠人工灌溉水渠供水的绿洲——所有的城镇都坐落在这种绿洲之上。三是位于高山激流从山脉中流出之处的绿洲，这种绿洲上通常生长着丰茂的草。

我们在库塔孜林格尔短暂驻留，主要是为了让牲畜饮水，和阗的阿克萨卡尔伊斯坎德尔以及那些陪我们走了这段路的剩下的养马人，从此处掉头返回。阿克萨卡尔带走了我最后的信件，自此之后，我与欧洲之间的一切联系就被切断了。在到达远东的北京之前，我都再也无法得到来自家乡的任何信息。

接下来的几天里，我们沿着山脚骑马行进，经过了一片长满美丽新鲜的绿色植物的土地，穿过哈沙（Hasha）、查卡尔（Chakkar）和努拉（Nura）等几个村庄，到达普鲁（Pulur）附近的道尔特·伊曼·塞布拉（Dört Iman Sebulla）。我原本计划从此地开始进入青藏高原，但发现这是不可能的，因为那狭窄而艰险的山路完全被于阗河非同寻常的超大水量给堵住了。因此，我们别无选择，只能再回到旅行商队所走的大路上来。我们从于阗重新上了这条路，在那里逗留了4天并渡了河。

从那里出发，我们取道奥乌托格拉克（Oy-tograk）和奥乌拉孜（Ovraz），走了3天，到达尼雅❶。这是一座约有500座房屋的小城镇，城里有1位伯克、2位百户长以及4位十户长。这片绿洲的水由尼雅河供给，不过以防河流干涸带来不便，这里还备有蓄水池可供依赖。但是池中的水很快就会被耗光，在一年当中的大部分时间里，人们需要依靠水井。水井一般深30～40英尺，井中是品质很好的淡水。因此，这片绿洲并不适合发展农业，这里的花园看起来也不如其他绿洲上的花园那么枝繁叶茂。

　　　　❶　尼雅，位于今和田民丰县境内。

尼雅城的重要性仅仅在于这一事实:从这个小城向北行进两天之后,在河流隐迹于沙漠中的地方矗立着伊玛目贾法·萨迪克(Jafer Sa-dik)之墓。尼雅河在形成了一个为此地供水的小型湖泊之后,就消失在了沙地之中,那地方位于墓地北面不远处。

我们于7月18日离开尼雅,在那里我们又一次转向山脚下,在越过了齐切汗凌合尔(Chicheghan-lengher)和玉尔衮布拉克(Yulgun-bulak)之后,我们遇到了托兰霍加河,这条河在砾石地层上凿刻出深深的河道。在路上我们还遭遇到一次尴尬的意外事故。斯拉木巴依看到一群羚羊在前面不远处吃草,便骑马向前走去,然后下马并把他的马拴了起来,自己则沿着峡谷追踪羚羊。他射出的子弹(不幸并未命中猎物)使马群受到了惊吓,而那些马匹当时是在没有人引领的情况下自行前进,它们疯狂地奔腾着跑向草原,那是一片星星点点地散布着一簇簇草丛的起伏不平的广阔空地。幸运的是,驮载着装着我的仪器的箱子的那匹马被及时阻止,并未加入疯跑的马群之中,因为它是由一名伙计单独牵着的。至于其他马匹,则消失在一团尘烟之中,直到行李从马背上滑下来落到脚边令它们无法动弹的时候,它们才终于停了下来。一些箱子破损了,而装着炊具的那个箱子被砸得粉碎,里面装的东西四散在草

● 托兰霍加河的峡谷　　**587**

原上，其中的几只瓷杯子已变成了碎片。

当我们进入喀拉萨依附近地区的时候，第一次听说了存在翻越昆仑山脉的山口这件事，据说它位于达赖库尔干(Dalai-kurgan)的南面，从科帕往东南方向行进一天左右即可到达。因此，我决定返回科帕，去搜集一些更加确切的信息，并且设法雇一位向导，另外还想为穿越藏北的旅行准备一些骆驼。我听说有几峰骆驼在赶驼人的照看之下正在蒙地亚河上游的夏季牧场上吃草，于是就派了自己最信任的伙计之一帕皮巴依(ParpiBai)前去带一些过来让我过目。帕皮巴依出色地完成了使命。当我们于 7 月 28 日在蒙地亚停下来休息的时候，他带着 13 峰状况良好的骆驼及其主人找到了我们。在此之前，我已经派了一位信使到科帕的伯克托格达·穆罕默德·伯格(Togda Mohammed Beg)那里去，现在这位伯克也赶了过来，帮着我讨价还价，把价格谈到了一个合理的数字。我购买了 6 峰公骆驼，它们属于习惯于在山地中行走的那个品种，而且已经彻底休息了整整一个夏天。

我们于 7 月 30 日离开科帕，向着东南东方向行进，穿过了一系列河沟。河沟在这里被称为"chapps"，它们深深地切入两侧砾岩的山体中，除刚下过雨之外，其他时候一直保持干涸状态。在喀拉穆兰河的一条支流米特(Mitt)那里，地形变得奇形怪状。河流出现在花岗岩的峭壁之间，穿过不足 50 码宽的入口。不过它一旦出现，便立刻在砾岩中扩展出一条十分宽阔的水道，并且与位于其右侧的雅喀查普(Yakka-chapp)交汇到一起，后者在这个季节里只是一条露着石头底的干河沟。与米特的情况一样，雅喀查普两边的山壁也几乎是垂直的，

● 托格达·穆罕默德·伯格

旅行队伍通过时所发出的窸窸窣窣的声音，引发出急促而强烈的回声。我们顺着这条河沟向上爬到一连串黄土山丘之上，山丘的轮廓柔和，上面长满了草。此后，小径回转向东南方向，将我们朝着一条横向山谷的入口处引去，山谷被一条向下流向平原的小溪所横贯。这一地区被称为达赖库尔干，居住着18户山地人，他们总共养了大概6000只绵羊。他们居住在小型茅屋中，屋子的一部分是直接在黄土斜坡上开凿出来的。我们在山谷入口处的河流左岸扎营，放开所有的牲畜，让它们自由奔向繁茂的绿草。

在南面紧挨着我们的地方耸立着巍峨雄伟的山脉，中国人称其为"昆仑"。达赖库尔干河流入较矮一些的另一道山脉之中，它被称作托库兹达坂（Tokkuz-davan，九道山口），位于喀拉穆兰河东面，不过在达赖库尔干当地，人们并不使用这个名称。山地人坚持说，只有一个山口可以通向高高在上的青藏高原，那就是乔卡里克（Chokkalik）山口，不过他们不能保证我们能够和骆驼一起翻越山口。因此，我决定在把整个旅行队伍都送上去之前先进行一次勘察。

8月1日，我在冯时、斯拉木·阿洪、罗斯拉克（Roslakh）以及两位山地人的陪伴之下，骑马沿着达赖库尔干山谷上行，来到与之同名的一个山口那里（海拔14330英尺）。第二天则向东推进，到达主要关口处（海拔16180英尺）。在那个地方，我获得了一个俯瞰海洋一般连绵翻涌的山峰的绝佳视角。向上攀爬的路径确实十分陡峭，不过我们认为骆驼还是能够应付得了的。但另外一侧下山的路的情况要糟糕得多，因为许多尖锐而凹凸的石块密布于几乎整个陡峭的碎石斜坡之上。在对此问题进行了认真考量和详尽讨论之后，我们决定还是要冒险一试。行李可以被吊下碎石斜坡，马匹和驴子能够照顾好自己，如果骆驼下不来的话，我们可以用毡毯把它们裹起来，然后再将其拖下来。在下定决心之后，我们翻越塞瑞克库尔山口（海拔13720英尺），于8月3日傍晚返回达赖库尔干。

旅行队伍又享受到一天的休息，然后牲畜们排成长列，向着塞瑞克库尔的村落进发，它们在那里吃到了最后一口鲜嫩多汁的青草。

8月6日，旅行队伍被分成了若干独立的小组，每一组都由一位特别指定的领队负责。全部人马浩浩荡荡，在峡谷之中缓慢地朝着塞瑞

● 我们位于塞瑞克库尔山谷的朝南的营地

克库尔山口蜿蜒行进。我们爬升的高度越来越高,草地也随之渐渐消失,剩下的那一点点草大部分都紧挨着小溪的岸边生长。激流大多数时候是在松软的泥土之上流淌,不过有时河床也经过砾岩层上面,河床的底部散落着浅灰色和绿色的花岗岩碎石片。在峡谷的最高处,光秃秃的花岗岩石块悬在溪流的正上方,不过某些地方还是有小片的草生长在石块上面。同时,峡谷收缩得越来越窄,也变得越来越险峻。

牲畜们缓慢而痛苦地攀爬上布满碎石的斜坡,那面斜坡堵在从山脉顶部横切过去的喇叭形的通道口,激流的河床在斜坡上呈辐射状散开,就像是扇子的扇骨一般竖在下方峡谷的顶头。骆驼小心谨慎地艰难跋涉在布满松散的砾石的斜坡上。每隔一两分钟,就会有马或是驴子失足跌倒,它们趴在地上等待着伙计们从它们身上卸下并再次装载上行李,再站起身时就会用更快的速度行走,试图赶上旅行队伍的脚步。

我通常骑马殿后以便照看队伍中的所有牲畜,当看到最后几头牲畜消失在山口的顶峰的时候,我真心实意地感到万分欣慰。

山口南面的斜坡坡度要平缓得多,通向一个地面铺满了大量松土可牧草却相当稀疏的宽阔峡谷。峡谷被巍峨高大的山嘴从两边封闭起来,就像是悬在北面的塞瑞克库尔上方的山岩一样。由于山岩极少掉

590

落下来,而这里水流的侵蚀作用也相对微弱,因此那些坚硬的岩石并没有被蚀耗掉,尽管主体山脉的顶峰呈现出一种十分稀奇古怪的轮廓。

我们一直沿着潺潺流淌在峡谷中央的小溪前进,直至到达喇嘛奇敏(Lama-chimin)那宽阔的大山谷,并从那里开始转向左侧,也就是转而朝东,向着乔卡里克山口行进。正在这时,准备引领我们翻越山口的山地人的阿克萨卡尔脱口而出说在米特河上游的山谷中,还有一个被称为雅普卡克里克(Yappkaklik)的更为近便的山口。所以说,当他告诉我说乔卡里克是翻越此山脉的唯一一个山口的时候,他是在有意对我说谎。事实是,他由于害怕违反官府的政令而不敢为我们指出一条迄今为止不为人知的入藏之路。不过在带领我们行进了这么远之后,他总算勉强向我提供了更充足也更为确切的信息。我严厉地斥责了他欺骗我的行为,他居然装模作样地一路领着我们翻过了达赖库尔干、乔卡里克和塞瑞克库尔3个山口。不过,我倒也不会感到遗憾,因为这使我获得了对该地区进行细致勘察的机会。

于是,我们掉转方向,先向着西南方向,然后又朝着正南方向行进。我们越过从乔卡里克山口流下来的小溪,把达赖库尔干峡谷的最低端留在了自己右侧,然后进入米特河的横向峡谷,它位于更西面颇远的地方。这条峡谷也相当宽阔,而且非常平坦。对于已经习惯了在陡峭的斜坡上面行走的我们来说,它看起来似乎是向着南面倾斜,不过那向着相反方向流去的河流路线使我们确信自己被视觉错觉所误导了。两边巍巍高耸的花岗岩山嘴形成了一道大门般的入口,河水从中间流出,那又宽又浅、寂静无声的激流蜿蜒流淌在一片几乎完全平坦的平原之上。河床两边被湿软的稀泥镶了边,马蹄子一直陷到蹄后上部突出的球节处,这里连一块鹅卵石或一个碎石块都看不到。每隔一段距离,河水就会铺展开来,形成像湖泊一样的大片水域,而水岸线的痕迹显示出,在洪水暴涨的季节里,河水会从这边到那边漫于整个峡谷之中。

河流的水道经过了若干急转弯,在有些地方河道被泥土的岛屿割裂开来。河水水量被几条小溪所扩充,小溪从位于左侧山脉山脚下的山泉发源,溪水清澈而新鲜,尽管溪流边缘那细细的白线表明了其中盐分的蒸发。

我们在河流右岸的一片砾岩台地上建起营地,从这里可以获得一

591

个望向南边的绝佳视角。前方的山谷持续扩展，直至终结于一片广阔的平原，有几条分支峡谷分布于其上。米特河也穿过平原，它分裂成许许多多条支流，其中有许多分支河道中都有水。在南面遥远的最远方，我观察到一条雪峰形成的线，在薄雾蒙蒙的空气中隐约可辨，雪峰耸立于陡然插入的山脉的顶端，而山脉则毗邻着一系列雁列式的平原。

我们的营地呈现出一派生气勃勃的繁忙景象，尽管这里的牧草十分稀少，而且品质也比喇嘛奇敏那里的草要差得多。

营地的中央是两顶白色帐篷，它们中间堆着装供给品的袋子、箱子、马鞍以及其他行李。马匹被两匹两匹地拴在一起，以防止它们游荡到过远的地方，而驴子和骆驼则被允许无拘无束、自由自在地行动，它们贪婪地埋头啃食着地上的牧草。

第
七
十
二
章

# 旅行队伍的成员

　　这是在整个无人居住区扎起的第一块营地。现在,我们要朝着西藏进发,直到两个月之后,我们才会再次接触到人类。一言以蔽之,我们已经破釜沉舟,同时又产生了某种舒适的感觉,因为所有的官员都无法管得到我们了,这让我们觉得很安全。不过在未来,我们应当增加每段行进的距离并且加快速度,只在有草的地方停留。在这方面,山地人给了我们最令人沮丧的信息,他们众口一词地宣称,南边的土地处处荒芜,寸草不生。这与别夫佐夫东进的探险队所得到的信息完全一致,所以我对于将看到旅行队伍中的牲畜渐渐筋疲力尽并沿途死亡这一点已经做好了充分的准备。不过我认为就我们自身安全来说并不存在什么危险,因为即使情况糟糕到极点,我希望我们也能够徒步到达南面或是北面的无人居住区。

　　不过,这块营地之外的地方就连山地人也足迹罕至,由于他们并没有赋予我们面前的辽阔土地以任何地理名称,我就得在我的地图上的那些诸如数字和字母之类完全常用的符号之下,标记出各种不同的地理特征。奇怪的是,那个特定地域中的几处地名的命名具有明显的蒙古语的词源,例如卡尔梅克查普(蒙古峡谷)、卡尔梅克乌涂尔干(蒙古

593

人居住处）、喀拉穆兰（黑水）、达赖库尔干（达赖要塞）和喇嘛奇敏（喇嘛的牧场）。

　　在这里，我们那些宝贵的牲畜平静安逸地享用了最后一餐甘美新鲜的绿草，它们对于前方等待自己的命运毫无觉察。在不到两个月的时间之内，它们当中的大部分都将在藏北贫瘠的高原上殒命。不过，在出发的时候，我们所拥有人马的数目可并不寒酸。我们来到山脚下时，带着不少于17匹马、12头驴子和6峰骆驼，此外还短期租用了一些其他牲畜。在塞瑞克库尔，我们的队伍中又增加了4匹马和17头驴子，驴子背上驮的袋子里装满了玉米，作为旅行队伍中所有牲畜的饲料。这样，我们总共拥有56头牲畜。但是当我们抵达柴达木边缘山脉的时候，就只剩下3峰骆驼、3匹马和1头驴子跟着我们了，而且那7头牲畜都皮包骨头，几乎爬也爬不动了。换句话说，我们队伍中的牲畜损失了百分之九十。

　　经过我这一番清点，你就会大概明白那些可怜的牲畜得经历怎样可怕的艰难困苦了。牲畜的损失对我们来说并没有构成真正的阻碍，因为我们是逐渐失去它们的，而且这些牲畜是随着它们所驮载的负荷（供给品）的消耗而减少的，但是目睹可怜的牲畜们遭受痛苦还是让人于心不忍。

　　我们在塞瑞克库尔购买了12只绵羊和2只山羊，计划在我们行进过程中把它们一只只宰杀掉。我本希望带上20只绵羊，但我的同行者告诉我，由于我们即将前往的地方海拔过高，胃部会失去对肉类食物的一切渴望而只消化得了稻米。不过，我发现我们对羊肉的需求很旺盛，结果是随我们而行的那些绵羊仅仅只够半程所需。在宰杀掉了最后一只羊之后，我们只好用野牦牛肉来满足自己对肉食的需求。

　　最后，我不能忘了提及，在我们的旅行动物团队中还包括三条了不起的狗——我的来自库尔勒的忠诚的约尔达西三世，它总是睡在我身边，并且充满热情地守卫着我的帐篷，除了斯拉木巴依之外，它谁都不让进；来自喀拉萨依的约尔巴什（Yollbars），这是只多毛的大黄狗；还有来自达赖库尔干的黑白相间的布鲁（Buru）。约尔巴什和布鲁总待在我的伙伴的帐篷里，一到晚上就发出可怖的吠叫，如果旅行队伍中的其他动物离开营地太远的话，它们也会朝这些动物狂吠。在行进过程中，狗在旅行队伍中蹿过来跑过去,相互追逐嬉戏。不过只要在山里一看到任何猎物,它们就会立即奔去追赶,从而自旅行队伍中消失很长一段时间。它们总是活力无穷并随时保持警惕,为我们单调的旅途和孤寂的营帐注入了勃勃生机。

事实上,这几条狗比旅行队伍中的任何动物都更能适应穿越高原的旅程。它们似乎丝毫都没有因为极端稀薄的空气而受到影响,食量总是很大,吃掉了我们所宰杀的羊的下水和射杀的牦牛及野驴的肉,在没有更好的选择的情况下,也吃掉了沿途累死的马、骆驼和驴子。在旅途的后半程,在每一处宿营地都有一头或更多的牲畜因无力继续前进而放弃生命。

我共有8位仆从,每位都履行着自己的相应职责,他们分别是旅行队的领队斯拉木巴依、汉语翻译冯时、奥什来的帕皮巴依、于阗来的斯拉木·阿洪、且末来的哈姆丹巴依(HamdanBai)、有一半汉族人血统的艾哈迈德·阿洪(Ahmed Akhun)、来自喀拉萨依的罗斯拉克以及来自达赖库尔干的库尔班·阿洪(Kurb-anAkhun)。我们在达赖库尔干雇用了17个山地人,他们在其阿克萨卡尔的指挥下帮助我们翻越最难通过的山口。本来按照计划,大约在两星期之后他们就可以回家了。不过在我们返回营地之后,那两个跟随我前去勘察的山地人就逃跑了,原因是他们在有一个更近更容易通过的山口的情况下,领着我们去了一个更难通过的山口,害怕为此而受到惩罚。当他们的阿克萨卡尔决定为我指出通向雅普卡克里克山口的道路时,他们立刻就溜走了,而直到扎营过夜的时候,我们才想起他们来。他们的确逃避了应有的惩罚,不过同时也没能得到我应该为前去勘察而雇用的马匹所付的报酬。

我们一整天都愉快地在马背上度过,尽管海拔很高,但气候温暖,我只穿了一件轻薄的夏季上衣。不过一来到被西面的山脉阻断了阳光照射的地方,我们立刻就感觉到夜晚的寒意,我穿上了长外套,戴上了冬帽。到晚上9点钟时,气温降到了41.4℉(5.2℃)。

从另一顶帐篷中传来了人们嬉闹交谈的声音,然后喧嚣声变得震耳欲聋。我的仆从们认为自己高人一等,不愿与那些临时雇用的山地人一起进食,他们根本不信任这些人。因此,山地人就不被允许进入帐篷,而只能露天进餐。在进餐过程中,我们讨论了这次旅行的前景,而帕皮巴依被视为我们当中最重要的权威,因为他此前已经多次穿行西藏。他曾跟随过凯里及其被杀的同伴达格利什,跟随过邦瓦洛与奥尔良的亨利王子,跟随过同样被杀的达特维尔·德·瑞恩斯,跟随过李默德(Grenard),还曾经参加过某个俄国的探险队,尽管他无法告诉我具体是哪支队伍。因此遇到他对于我们来说是神赐的好运,因为没人比他更熟悉青藏高原了。的确一直有恶毒的谣言在诽谤他,说他在不止一个塔里木的城镇中蓄有妻子,一旦对她们厌倦了,就会逐一抛弃。斯拉木巴依认为帕皮巴依曾经跟随过的两个欧洲人都被杀了的事实并不是一个好兆头。不过,跟我在一起的时候,此人以最模范的方式完成了自己的职责,一直彬彬有礼,威仪赫赫,而且享受着自己在众人中所拥有的巨大影响力,这影响不仅仅基于他的经验,也来源于他的年龄,因为他已年近六旬,是整个团队中最年长的人。他告诉我邦瓦洛旅行队伍中的牲畜是如何接连死去的,告诉我达特维尔·德·瑞恩斯的旅行队伍中的人如何被屠杀,并最终在遭到当地部族的进攻之后完全分崩离析。这些故事令其他人警觉起来,而且使他们认为,如果能够活着完成这险象环生的旅程的话,他们真是幸运之至。

我们在米特河扎营的地点,山地人叫作"莱卡"(Laika),意思是"黏土地"。这个称呼名副其实,因为流经那里的河流留下了一堆堆软烂的稀泥。山地居民们对于距该地一天行程之外的那片土地相当熟悉,并且说出了一些具有明显地理特征的地点的名称,不过他们从未敢于前往更南边的地方去。他们告诉我,插入我们在塞瑞克库尔山口所通过的那个山脉的米特河正位于一个横向的峡谷之中,此峡谷又深又窄,一年四季都难以穿过。他们说,峡谷被巨大的石头碎块给堵塞住了,这些石块是从两边陡峭的山壁上滚落下来的,而在石块中间流淌着凶猛湍急的河流,基本上占据了峡谷的全部空间。在更往西的地方还有一处名为皮拉兹里克(Pelazlik)的山口,通向柯克穆兰(Kok-muran)上部,也通向一个拥有大量牧草的地区,因此那里被称作"齐木里克"(Chim-lik)。

在米特河谷的高处有一些垂直井筒,不过其深度均不超过一个人的身高,当时,从于阗来的金矿开采者们就在那里干活。他们在科帕未能交上好运,10天之前,他们来到米特河谷,期盼着能有好运气。他们计划在那里再待上一个月。开矿人每年都要来米特河谷,不过在该地的工作时间总共不超过6个星期,部分原因在于他们无法随身携带可维持更长时间的给养品,还有一部分原因是这里的土地从9月初就开始上冻,直到第二年6月初之前都始终处于封冻状态。通过摇筛可以淘出金子来,不过产出量并不能令人满意,平均下来,每人每天仅仅能获得大约2天罡。由于金矿附近地域寸草不生,他们把自己的驴子赶到喇嘛奇敏去吃草,在寻找金子的时候,就让那些牲畜自己照顾自己。

夏季的降水大多以固态的形式出现,到了冬季降雪量太大,以至于无论是河谷还是山口都完全被封闭住了。当我们经过这里的时候,天气十分凉爽,因此米特河的流量不超过每秒140立方英尺。在下游的地方,又有几条支流汇入溪流中,在某个平静安宁、阳光灿烂的一天过后,它变成了一条流量可观的河流。

还不习惯那些寒冷的夜晚的我们感受着来势汹汹的第一次霜冻(最低气温为27.1℉,–2.7℃),不过第二天早晨太阳一升起来,温度就迅速回升了。

第二天早上,我们发现又有两个人逃跑了,我只能再次找到他们的阿克萨卡尔,责备他没能管理好手下的人。还剩下13个山地人,人数倒也足够了。我想要那么多人手的原因在于,旅行队伍要分成5个不同的分队行进。

步伐缓慢的骆驼在哈姆丹巴依的带领下首先出发,跟随着两三个山地人。跟在他们后面的是马队,驮着我的个人物品,诸如帐篷、厨具等等,这个分队由斯拉木巴依、帕皮巴依以及其他一些塔里木人带领。他们的行进速度最快,不久之后就领先了。他们要负责挑选出最方便的宿营地。驴子由剩下的人带领,与马队同时出发,不过很快就被马队甩在后面,最后基本上与骆驼队同时到达。我、冯时以及一个了解之后几天行程所要经过的地域的山地人殿后,因为我整天都要无休无止地忙于在我的地图上标记等高线、观察地形、测量高度、画速写草图以及其他工作。我们走在最后面,比马队晚好几个小时才来到宿营地。当我们到达时,发现帐篷已经竖起来了,两块石头之间燃起篝火,我们的晚餐正在烹锅中热气腾腾地咕嘟冒泡。这真是件美妙的事,在漫长疲惫的骑行之后能够径直走到自己的帐篷里,地面上还铺设着昂贵的地毯,这是我临离开和阗城时那里的司令官送给我的礼物。在帐篷的一侧放着我的床,用皮毛、毡布和两三个垫子搭成,另一侧则整整齐齐地码放着我的箱子。

两个帐篷刚一出现在视野之中,在整个行进过程中一直跟在我的马旁边的约尔达西三世就疾奔而去,在我的床边趴下。当我到达营地时,这狡黠的小畜生会走到帐篷的入口处站立着,兴高采烈地摇着尾巴,仿佛在迎接我,同时又要让我意识到它才是这个地方真正的主人。不过在这之后,它就只能满足于待在地毯上的待遇,因为我占据了柔软的床,并且立刻就开始整理在行进过程中记下的笔记,画出白天所经过的路线的草图,进行气象观察,给样本做标记,并进行其他一些工作。

冯时受过良好教育,是个大有前途的人,我和他相处甚欢。在我有空闲的时候,当然这种情况通常出现在我们在马背上时,我会坚持跟他学习汉语,在我有限的汉语词汇所允许的范围内我们尽可能地用汉语交谈。冯时和我在一起所带来的唯一不便在于,其他人嫉妒他能跟我在一起待那么长的时间,还能够在教我学习的时候坐在我的帐篷里。

第
七
十
三
章

# 进入无人定居区

8月7日。那天的旅程又漫长又艰辛。一开始,我们沿着河流和山脚之间的阶地前行,这里的山体不再是花岗岩的,而由暗色的粘板岩构成。然后,我们顺一个陡峭的山坡而下到达克孜尔苏,它从左侧的一个宽阔的山谷中流出。离开了位于右侧的开阔宽广的米特河谷之后,我们穿过同样开阔的雅普卡克里克河谷,在巨大的横岭的环绕中缓缓爬升。这个河谷也连接着好几个旁边的峡谷。我们所通过的第一条峡谷是个所谓的"死胡同",据说其终点处是个无法通过的白色天然悬崖所形成的墙体。第二条峡谷通向一个金矿,在那里采矿的人已成功地找到珍贵的金属,对于本采矿季来说收获颇丰,因此他们已经走在了返乡的路上。

河谷渐渐折向东面,划出一条弧线。往南边遥远的地方是由巨大的山峰和白雪覆盖的山顶所形成的一团混沌。在雅普卡克里克的萨依(sai,表示满是石头的河床)上,一条混浊的溪流横贯而过,溪流淌过旁边的峡谷时一路汇集了无数涓涓小溪和激流。它本身又宽又浅,通常都要占据河谷底部一半以上的地方,而河谷底部由绵软的腐殖质和稀疏生长的植物所组成。粘板岩只在四周群山的山顶上显露出来,或是

599

出现于在洪水暴发之时被冲刷掉盖在上面的泥土的河流底部。总的来说，群山呈现出柔和的圆形轮廓，松软的泥土和碎石所构成的地层覆盖其上。

随着我们向前行进，河谷的空间逐渐收缩，而且其地面变得更加凹凸不平，并往往被砾石阻挡前路。通向雅普卡克里克山口的向上攀爬的坡度变得越来越陡峭，不过包括骆驼在内的所有牲畜的表现都十分出色。我们已做好充分准备，计划在攀爬的最后和最陡峭的阶段替它们背负起行李，而令人欣慰的是，即使是在那里，也没有一头牲畜需要帮助。

我和两名随从比骆驼和驴子提前一个小时到达山口的顶峰。俯瞰过去，它们还位于遥远的下方，如同一个个黑色的小圆点，正奋力向上爬。朝西面看，目力所及之处尽是无边无际如汪洋大海般的一片山峰和山顶；而向东面看，复杂的山地地形几乎同样壮观。位于山口另一边的河谷向着东边延伸过去，它被泥土和砾石所堵塞，看起来就像是一条穿过黄灰色群山的蓝灰色绸带。山口本身形成了一个略有些尖的山峰，上面遍布着风化瓦解的碎石块和黑色粘板岩的碎片。在这方面，它有些像乔卡里克的山口，不过相对来说比较容易通过，因为其斜坡没那么陡峭，而且海拔也更低一些，不超过15680英尺。我们遇到了很好的天气，温度计显示气温为57.6°F（14.2℃）。

从东面下到河谷的路并不难走，尽管我们曾在其上半部分通过了几处十分狭窄的地方，不过很快路就开阔起来，一条小溪从中部起一直顺着它流淌。

在河流的阶状河岸上，我们遇到了一头体形庞大的野驴。由于受到了狗的惊吓，它风驰电掣般顺着河谷逃走，却不时停下来从远处观察着我们。稍后我们知道了，走在我们前面的负责管理马队的人在路过同一地点时曾看到数目差不多为一打的野驴群。斯拉木巴依在它们身后放了一枪，其中的一头脱离了驴群，就跟在旅行队伍之后继续前进。

河谷西边松软的地面上沟壑遍布，而东边则被包入一个横岭，地面的质地更加紧实坚固。我们在其最低处的库姆波延（Kum-boyan，沙关）这一次要山口处通过了这里，沙关的顶部是由山地人搭起的石堆。在沙关的南面，我们首先走过一处更小的峡谷的末端，然后到达喀拉穆兰河的上部河谷。喀拉穆兰河流淌在宽阔的石头河床上,向着西北方流去,之后又接纳了自乔卡里克达坂而来的溪流。

山地人带来的一条三条腿的狗到了库姆波延山脚下之后就无法再前进了。我们骑着马从它身边经过,它哀伤的吠叫在赤裸的岩石石壁上反射出回声,甚为凄凉。

我们到达营地的时候天色已晚,帐篷是由斯拉木巴依在喀拉穆兰河近旁的一块陡峭的岩石下面搭建起来的,而喀拉穆兰河在此处已经萎缩成一条不起眼的小溪。这里寸草不生,牲畜没什么可吃的,我们只好喂它们玉米和大麦。峭壁被明亮闪耀的篝火所产生的红色反射照亮,烧火的燃料很坚硬,是我们在行进途中所采集到的一种叫作"yap-pkak"的植物。经过了长途跋涉,所有人(除我之外)都感到头痛并昏昏欲睡。斯拉木巴依和冯时的高山反应严重,他们被迫立刻就去上床睡觉。而我直到午夜时分才完成了一天的工作,以白天所走的路程为内容绘制成的地图占据了整整5页纸。

夜晚寂静无声,非常寒冷(最低温度36.3°F,2.4℃),不过严寒还不至于穿透包裹着我们的皮毛和毡子。

一大早的时候,一阵猛烈的劲风从西面刮了过来,我们帐篷附近的石块的分布形态使其就地形成了一股龙卷风,转瞬之间,我们的帐篷就被刮倒在地。不过幸运的是,我所有的工具都已经打包整理完毕,所以无一受损。

我和5名山地人结算清楚报酬,把他们打发走了,其中包括撒谎的阿克萨卡尔,他们步行回家,因为不必再继续前行而兴高采烈。同我们一起的仍有8名山地人。

山地人把我们宿营的这一带称作"布拉克巴什",这是我在向未知的西藏进发的路上所遇到的最后一个地名。在日志中,我把这个地方叫作1号营地,而把我们于8月8日在喀拉穆兰河源头附近宿营的地方叫作2号营地。

作为喀拉穆兰河源头小河之一的一条溪流从我们在布拉克巴什的营地旁边流过,但当我们向着河谷上方又行进了一段距离之后,它就变得相当干涸了。当溪流的水位低的时候,它明显是流淌在沙砾层之下的,不过在低到一定程度后,水就会奔涌出地面。与我们一直以来穿越

的那种反差鲜明的横向峡谷不同的是,喀拉穆兰河谷向着最高点渐渐
延展,周遭的山头在相对高度上有所下降,但仍然数量众多,绵延不绝,
一个个横岭都伸向山谷内。溪流的两岸是一片片砾岩质的河滩阶地,
这让溪流得以增宽,随着我们向高处爬升,阶地也在向上的过程中渐渐
消失。周围几乎是不毛之地,唯一的植物就是yappkak,只有在有水流
过的地方,才零星地冒出一点儿稀疏的草蔟,它们的草根又硬又强韧。
山谷的地表覆盖着一层紧实的细沙砾,很便于在上面行走。这里看不
到一点儿道路的痕迹,也没有任何证据表明在我们之前曾有其他人经
过这儿,而在库姆波延山口留下的堆石标,则是我们的同伴曾出现在那
里的最后的标记。

再走一会儿,砾岩质的河滩阶地就完全消失了,石头河床的原有形
状被许许多多近乎干涸的浅浅的水道所破坏,那些水道的规模基本上
都是一致的。我得出的结论是:当春天的山洪暴发时,整个山谷就会被
又宽又浅的溪流从这边到那边完全充满。

随着山谷变得越来越宽,前方的视野也越来越开阔。我们正在穿
过一个过渡区域,正如我已经描述过的在帕米尔高原所存在的情形一
样——也就是说,这一区域代表了周围区与高原区之间的中间阶段。
即便是在山谷里地势较高的地方,也连接着好几条比较小的分支峡谷,
而在这些小峡谷的最前方,我们不时会看到右边那顶峰覆盖着皑皑白
雪的巍峨山脉。这就是阿尔卡塔格,或者被称为“远山”,其意思是比罗
布泊南面的阿尔金山更远。

这里的地貌极端单调,一片灰色,毫无变化,而且完全寸草不生,没
有一丝一毫生命的迹象,甚至连野驴的踪迹也无从寻觅。不过尽管到
处都连一片草叶也看不见,我却发现了一只在沙砾中间快速爬行的浅
绿色蜥蜴,这是我所见到的唯一活物了。

大概在上午10点钟的时候落下了些许小雪,但自西面而来的大风
强劲猛烈地刮了整整一天,沿着溪流的河床扬起一团团尘土和沙子。
幸运的是,我们一直都是顺风前行的。被吹积成堆的沙子聚集在突出
的崖石下面被遮蔽的角落里,形成沙丘的雏形,不过有时也仅仅是在地
面铺撒了一层黄色。

在高海拔地区,风蚀作用的力量非常之大。据说这里刮的主要是

西风,西风将一切细碎之物一扫而光,只留下裸露的沙砾层,而沙砾也会逐渐风化瓦解,然后被风吹走。山体的表面被风蚀得很严重,到处都是孔洞。很明显,这里昼夜温差巨大,这成为一切分解力量中最具破坏力的一种;而排在第二位的就是风,风能够带走所有碎石、岩屑等较小的微粒。降水的破坏力排在第三,降水以下雨的形式出现,每年仅仅在两个月当中有雨水,而且即便是这两个月的雨水也不一定会完全遵循规律到来。

这种山谷类型特点鲜明,它的横剖面成为一条笔直的基线(石头河床),山峦在其两侧垂直上下,山脚处甚至没有一点儿斜坡作为过渡。

我们爬得越高,脚下的砾石就越细,直至最终被粗砂粒所取代。风暴将地貌的每一处轮廓都包裹在黄色的尘雾之中。马匹迅速地从我们的视线里消失,甚至骆驼与驴子在那天也赶超过我们,它们留下的蹄印痕迹在我们经过时已经半掩埋在沙尘中。到了山谷的上半部分之后,我们再次转向南行。

紧贴着我们身边的岩石的材质是黑色的粘板岩,不过就在前方独独竖立着两大块高耸的红色砂岩,形成了一个巨大的门,我们就从其间穿过。它们标志着喀拉穆兰河谷的终点。在其山顶是一片特征高度多样化的区域,不过在剥蚀作用下已经被削平了许多,这片区域和周围的山脉中那些槽状的集水盆地基本相同,只是这里更浅而且比平均的宽度更宽一些。

河水并不是发源于任何一条特定的源头溪水,而是由自各个方向而来并且汇聚在山谷的主要集水盆地的若干条小溪或者沟渠(已经干涸)所组成。位于我们右侧

● 旅行队伍中的一位山地人　　603

的西面的山峦脚下的土地上撒满了从山峰上滚落下来的石块的巨大碎片，它们以很怪异的方式分解破碎，形成一组开垛口。从远处望去，它们看起来就像硕大的红色立方体，而当我们走近之后发现，其尺寸就如同大房子一般。

在那对红色砂岩的双子山南面，我们骑马穿行过一片无边无际的平地——看似平原，被沙子所覆盖，表面呈波浪状，不过还没有形成沙丘的明显趋势。这平原被一圈圈低矮的山丘以及更加矮小的山峰所包围，那些山峰的分布极不规律，以至我无法分辨出朝任何一个固定方向蜿蜒的连续山脉。毫无疑问，它们是曾经矗立过的山脉的遗存，是那些最长久地抵御住剥蚀作用的部分。

劲风还在继续刮着，并且到4点钟的时候发展成为夹着雪的风暴。我们的脊背被细雪颗粒抽打着，云被猛烈的风吹到了东边，一切地貌特征都被遮蔽得看不清楚，使我们很难追寻我们前面的队伍所留下的行迹。不过由于地表被太阳烘烤了一整天，雪很快就融化了。最终，我们还是在猛烈的风雪中看到了白色的帐篷。前方的队伍停在了一座孤立的砂岩小山的山脚下，那里有一处涓涓细泉，能够为我们提供水源。附近长着一丛矮小稀疏的yappkak，而我们的牲畜就要靠它来填肚子了。除此之外，这里是个荒无人烟的不毛之地。伙计们的情绪低落，晚上，山地人激烈地争执起来，讨论他们之中应当由谁来陪伴我们走完全程，直至重新回到有人居住的地区。他们全都想掉头回去，这些不宜人居的地方对他们来说毫无吸引力。

8月9日。夜晚一如既往地寂静，最低温度为19.4℉（-7℃）。

到了早晨，我的墨水已经被冻成了一坨冰块。尽管这不过是8月伊始，我们却好像是身处数九寒天。

我的朋友冯时身体非常不适，他抱怨说自己头疼欲裂，彻夜难眠，而且无论吃什么都会呕吐。在他迫切的恳求下，我同意如果他今天身体状况仍无好转的话则可返回。

由于前一晚没有人私自逃走，旅行队伍得以按照惯常的行进顺序再次出发。我们专门指定了一个人来赶羊，在他的照看下，绵羊和两只山羊都行进良好。山羊在许多方面都大有用途，它们总是走在羊群的领头位置，这样就激起行走速度较慢的绵羊加快跟上其步伐，而且它们能为我每天清晨所喝的茶里添上一杯奶。越来越严酷的寒冷迫使我改变了自己帐篷里的布局。我放在起居处之外的小小凸出物被拿了进来,这样可以使正对入口的那一面离得更近,以便于更有效地存储热量。原本到处随意挂落的帐篷覆盖物的边缘都被折起来塞在地毯底下,上面还压上了装运货物的箱子来固定,使得任何拖拽作用都无法让其移动,同时也令我们的帐篷即使在强劲的大风中也依然稳如磐石。

此时,我们向着东南东方向穿行在略微起伏的平原上。在我们目力所及的范围内,并没有裸露于地面之上的坚硬石块,只不过有几座由砾石和沙子形成的小山丘。在我们的正前方,有一座微不足道的小山峰,左边是阿尔金山的一处横岭,右边则是另一行低矮的山脉。地面又软又疏松,马走在上面蹄子会陷下去,一直陷到蹄后上部突出的球节处;地面也很平坦,若是没有那些已经干涸了的雨水留下的细小沟印,将会很难判断地势究竟是朝着哪个方向倾斜。对于牲畜来说更糟糕的在于,由于下雪,地面变得微湿。又走了一会儿,东面出现了一连串平坦的台地,其背后是远处山脉的山脊。

所有的水道都朝西倾,直到我们来到一个直径约200码的小湖边。也许这个小湖就是喀拉穆兰河的源头之一,尽管暂时看来,它与喀拉穆兰河的一切联系都被断绝了。不过湖边水的印渍似乎表明,当下雨水位升高时,就会有一条水流从这里朝着西北西的方向流去。湖水略为苦咸,在聚水的洼地四周围着一圈白线,大约比当时的水平面高出2英尺左右。

从那个地方开始,我们折向东南方向,一条横向的峡谷插入我们右侧的山脉。黑色的粘板岩再一次在数量上占据了优势,不过,裸露在外的石块总的来说是罕见的。所有的山丘都被厚厚的一层松散的碎片所覆盖,这碎片有时是黄色的沙子,有时是碎成粉末的红色砂岩,有时则仍然是黑色细粉末状的粘板岩,远远看去就如同煤灰或是黑烟灰一般。我们越过了山脉的好几条小型支脉,也穿过了其间贫瘠的河道。这些河道现在朝东北方向倾斜,它们属于且末河水系,不过全都已经干涸了,因此我的伙计们十分担心,害怕到下午的时候找不到水源。

我们很快确定了,这些河道交汇于一个主要的峡谷,它延伸向东面,不过也与其他河谷一样干旱。由于见到阿尔卡塔格位于我们的正南方向,而我们一直所遵循的路线引着我们翻过了一个又一个横岭,我们因此得出结论,更明智的选择应该是改变行进路线,折向南行并且尝试穿越阿尔卡塔格,这样可以尽可能不耽搁时间,早日到达青藏高原。仅仅朝着新方向行进了一小段距离之后,我们就发现了一个小泉眼,为了保证水的供给,我们决定就在那里停留。3号营地几乎毫无生命迹象,唯一的例外就是偶然间长出的一丛稀疏的yappkak,我们那些饥饿的牲畜贪婪地撕扯着那草穗。水一股一股地从泉眼里淌出来,仅仅向下淌过几码的距离就会消失在沙子里。不过伙计们挖了一条沟渠,当收集够了充足的水之后,才把牲畜们一个个按顺序赶过来饮水。那天我们行进了13英里,而在之前的两天,我们分别走了16.5英里和18英里。

8月10日。我这一天的旅行日志开头是这样写的:"冯时仍然发着高烧,脉搏是每分钟120次,头痛剧烈。"事实上,看起来恐怖的死亡之手已经降临在他身上,并且宣告着他愈是向前走,身体状况就愈加糟糕。我因此下定决心让他离队。斯拉木巴依也担心要是我们还带着他前进的话,他将会死在途中,或者是他的病症要迫使我们作长时间停留,而留在荒无人烟的沙漠里也许是非常危险的。

在身体状况良好的情况下,冯时是个一流的旅伴,不过要一直听他喋喋不休地抱怨则令人心生厌烦,而过去的几天我就是这么度过的。可是如果让他回去的话,到了城镇之后我们将怎样应付诸种事务?在没有一个翻译陪同的情况下穿行中国,前景一点儿也不妙。幸运的是,我从冯时之前给我上的课中获益良多,已经掌握了最重要的词汇,而如果确实有必要的话,我毫无疑问将会在稍后学会剩下的词。

雇用冯时被证明是一个错误,他已经提前领取了3个月的薪金,现在我还得给他一匹马以及回程所需的物资供给,除此之外,我又给了他所需的奎宁胶囊以及一件毛皮外套,并且派罗斯拉克去护送他,这样他若是在途中病倒的话就有人照料。到了达赖库尔干的时候,他打算在那里休息上一阵子。

无论如何,当我们分道扬镳的时候,他心存感激而且深受感动。就这样,这个年轻的中国人的骄傲梦想终结在了阿尔卡塔格山脚下,这些梦想包括终有一日骑马穿过北京城的大门,遥望至尊无上的皇帝的宫

● 从（南面的）青藏高原眺望所见的阿尔卡塔格山

殿，以及或许在我的推荐下获得一个有利可图的官职。

他孤独地站在沙漠中央，寂静无言，黯然神伤，目光一直追随着继续前行的我们，望着我们正走向年轻并有着雄心壮志的他心中那遥远的目标。

夜里下起了大雪，当我们沿着宿营的小峡谷行进的时候，地面仍然是湿的。现在的安排是让移动速度最快的马队来决定我们前进的方向。我命令斯拉木巴依在条件允许的情况下尽量保持向正南行进，因为我们的目标是横穿阿尔卡塔格山。而在此前提之下，他可以自由选择路线。不过最重要的决定因素是地形轮廓——他必须得选择走那些对我们队伍中的牲畜来说阻碍物最少的路。我从未从他所选择的行进路线中挑出过任何错误，他拥有锐利精明的眼光，并且对于骆驼的能力程度的判断总是相当准确。

峡谷逐渐变宽，最终发展成为一块起伏的台地。在其最低点，左面是一幅别具一格的如画山景——一片形状规则的被截去了尖端的圆锥体集结在一起，其侧边都有沟槽。这些圆锥体的组成成分一部分是红色砂岩，另一部分是一种砖红色的硬度极高的砾岩，类似于角砾岩。它们的顶端覆盖着一层水平的如煤炭一般黑的凝灰岩，而且所有的圆锥体顶部都位于同一水平线上。这些凝灰岩覆盖物保护了其下面的石

607

头,使它们免于被风化瓦解,而这也成为保留这些如信号灯一样存在的"金字塔"的方式,它们是整个台地上的主角,从很远之外就能看得见。其基部周围的泥土里点缀着大小各异的凝灰岩碎片,看起来就好像是红色背景下的黑点子。

走了更远之后,我们发现了同种岩石的碎片,不过颜色没有那么黑,碎片四散在红色的沙子里,分布了很长一段距离。这些凝灰岩更接近于紫色,含有大量的气泡,就如同海绵一般多孔,如果用锤子敲击它们的话会发出尖利的响声。过了好几个小时之后,我们仍然能看到这些奇异的顶着鸦黑帽子的圆锥山体所发出的火红的光芒。

在阿尔卡塔格的南侧,我们同样遇到了若干组类似的独立的高地式的山脉。

# 第七十四章

# 阿尔卡塔格的横岭之间

在这些山的山脚下有一条业已干涸的河道朝向东面而去,其规模不小,不过大概只有在降过大雨或大雪之后才能有水。它在东南面与一座起伏连绵的勺子形状的山脊相邻——这是我们之后将会频繁遭遇的一种地表轮廓。在比山脊更远的地方有一处洼地,里面的水已经干掉了,但其底部因为含盐而变成白色。这种时有时无的盐场同样也属于本地区的典型地貌特征。

不过这里的地面常常完全是平的,因此我们所穿行而过的是一个真正意义上的高原。无论朝哪个方向望过去,视野都无边无际,直通到遥远的地平线,低矮的山丘为长远的距离划分疆界,但无论何处都看不到雪峰或冰川的身影。

空气十分纯净,我们都能看得见前方距离我们很远的马队,就如同一个个小黑点。我将它们作为固定点以在我决定行进路线时划定一个3英里长的基线。唯一能够挑战土地的贫瘠的植物就是 yappkak,不过有种种迹象表明,羚羊偶尔也到此一游。斯拉木巴依尝试过各种方式试图追捕这种敏捷的动物,但从来没有成功地逮住过它们。

大部分时间里,天空都被厚厚的云层所遮蔽,云朵洁白美丽,又轻柔又造型多变,看起来就好像是有生命的活物一般。它们慢吞吞、静悄悄地飘过我们身旁,低得几乎都要接近大地,只是偶然间才允许我们透过它们匆匆瞥一眼那纯净的蔚蓝苍穹。在爬过一座小山脊之后,我们发现了隐藏在两座低矮的山脊之间的一泓湖水,位于西南西方向。这个湖本身由于偏离我们直接的行进路线太远而不值一游,不过我们跨越过了作为其东向延伸的冲沟。之前所提到的那种红色砾岩在这里再次出现,同时出现的还有花岗岩,其后是绿色的粘板岩,它们几乎呈垂直形态一层层排列,不过它们高出于地表最多不过一英尺,而地面由于到处散落着碎石和岩屑而变得凹凸不平。尽管如此,这些岩石还是从老远的地方就望得见,它们为此处的地表镶上了红色与黑色的边缘线。

之后,我们骑马沿着另一条河道行进,这条河道在上一场降雪的滋养下仍保持湿润。然后我们遇到了又一座山脊,比之前经过的那座更高也更宽。从其稍显浑圆的山顶朝下看,映入眼帘的是一幅既出人意料又令人感到赏心悦目的景象。一块山洼在我们眼前铺开,其间生长着青翠欲滴的叶伊拉克(yeylak,牧草),尽管仍很稀少,但对于我们那些已经整整4天没尝过绿色草料滋味的牲畜来说,毫无疑问已是求之不得。

马匹看起来尤为消瘦,它们一直因为想要吃草而嘶鸣着。伊明·米尔扎(Emin Mirza)一边表达着合情合理的惊喜之情,一边下令队伍从山洼里通过。伊明·米尔扎是一位能力很强的山地人,在冯时离开之后,他成了我的秘书。

附近的确有一个小池塘,可里面的水却是咸的。山洼里的草又稀疏又矮小又纤细,牲畜在那里啃食草皮实在是对其耐心的一大考验。很明显,羚羊也知晓此处,它们在这里留下的足迹数不胜数。田鼠也是靠吃草根生存,我们发现了很多它们出没的路径,却没有看到一只田鼠。在我们的右侧是另一座低矮的山脊,在此山脊中的一个冲沟里,草生长得更为繁密一些,但那里的草已经被沙漠居民齐根收割走了。不过在一处有泉水滋润的地方,苔藓繁盛地生长着,我们就在那处泉边扎起了帐篷。这一天,我们行进了15英里。

白天的时候,从西南方向刮来一阵清新的微风。我必须要在马鞍的带子上拴上一套保暖的衣服,因为天气是如此反复无常,变化多端。

只要天空宁静晴朗,骄阳所散发的热量足以把人烤熟,但仅仅就在下一刻,若是碰巧有一片云遮蔽住了太阳,或是一阵猛烈的劲风朝你刮来的话,你就会哆嗦不已,恨不得马上奔向自己的毛皮大衣。

第二天一早,又有三个人病倒了,他们提出要求,要在4号营地休整一天。我同意了,不过主要是考虑经过连续6天的艰苦旅行,队伍中所有的牲畜都已经筋疲力尽了,而此处水草丰足,是个很适宜驻足停留的地点。唯一短缺的东西就是燃料。Yappkak草丛都孤立地生长着,彼此之间相距遥远,不过伙计们还是出去将附近所有能找得到的柴草全都收集起来了。整个夜晚以及第二天一早都在下雪,大地白茫茫一片。不过由于空气干燥,太阳一升起来,雪就以惊人的速度融化了。雪是坚硬的颗粒状的,打在帐篷的毡布之上,发出轻快活泼的噼里啪啦的声响。

除此之外,一切都对我们有利。营地周围寂静无声,为了寻找更丰茂的牧草,牲畜们游荡到了与我们相隔一段距离的地方。

而在白天的时候,我们的病号又增加了,大部分伙计都抱怨说自己头痛,甚至连斯拉木巴依都卧床不起,并且阴郁地发着怨言。由于他是旅行队伍的领队,他的抱怨使得其他人也情绪低落。天气也不那么令人欢欣鼓舞,天空被厚厚的云层所笼罩,阴沉而黑暗。除了中间有一小段时间的间断之外,雪整整下了一天,地面变成白色,而且到3点钟之后就上冻了。除此之外,一阵迅疾猛烈的西风呼啸而过,很明显,这让人再也提不起进行野外探索的兴趣。我宁愿坐在帐篷里,用毛皮把自己包裹起来,忙于那些幕后工作或是阅读。

我们宰了一只绵羊,尽管人数众多,羊肉却过了很久才被全部吃光,因为高山反应令人食欲不振,我本人就丧失了对羊肉的全部食欲。不管煮多长时间,也无法使羊肉鲜嫩,就连米糊也不再可口,原因是稻谷粒无法软化和膨胀。因此,除了永远寡淡的羊肉稀汤以及茶和像石块一般坚硬的面包以外,我们别无他物可食。

我们一天吃两餐,每餐的食物都固定不变,以至于到了后来我已经对此厌倦到了餐点一到就几乎要战栗发抖的地步,并且直到塞下食物再点起烟斗的那一刻,才能重拾自己平日里的冷静镇定。除这一点外,我对其他方面的一切都适应良好,丝毫感觉不到自己是在海拔16300

英尺的高度上行动。唯一能够让我意识到这一点的事实在于,当我行走或是从事体力活动时,会感到呼吸短促和心跳加快。夜间由于被毛皮和毡子包裹得太紧,我常常会在剧烈的喘息中醒来,同时感到被一种令人不适的焦虑所压迫,不过在头一两天里折磨着我的头痛现象已经完全消失了。

大约到了太阳下山的时刻,天气有所好转,厚重的黑云向着东边飘移而去,深蓝色的天空显露出来,出现在我们头顶。在西面,玫瑰红的晚霞闪耀,就像是在遥远的地方燃起了草原大火,火光映照在天上。临近我们的山脉的侧面都被鲜亮的红色所照亮,但是北边的山脉仍然笼罩在厚厚的云层之中,壮丽的闪电在这些云层里闪了整整一夜。

8月12日清晨,我们在其旁边扎营的那条冲沟被混浊的激流所灌满——这是昨天下的雪的融水。不过只是较低之处的积雪在阳光照射下解冻了,而较高之处的雪仍然还冻结着。在这一天的行进途中,我们经过了好几条水流清澈的小溪。

沿着冲沟走就会来到阿尔卡塔格的一个支脉中的一处小小的不大重要的山口。这里最常见的岩石是细颗粒质的红色粘板岩。牧草更少了,品质也愈发下降,不过这里还是有许多羚羊和野兔,偶尔我们还能看到掉队的野驴。

穿过山口之后,我们进入一个等高线标记十分鲜明的峡谷,其宽度大约有两英里半。它先是西南西方向的,然后又朝东弯去,形成一道曲线。峡谷的底部变化多样,却没有水,也看不到一片草叶的痕迹。到那时为止,似乎还没有出现任何一个可以翻过阿尔卡塔格的合适的山口,因此我们转了方向,顺着峡谷向东行进。东面是一片开阔的土地,两边都没有横岭,但在远景里出现了一串极为宏伟的高耸山脉,从头到脚的冰雪盔甲令它们闪耀着银光。由于太过闪亮,我们一开始误以为它们是地平线上的白云。这是阿尔卡塔格的延伸部分。正如我方才所述,我们是向东行进的,因此阿尔卡塔格一部分在我们右侧,另一部分在我们前面。所以,这串山脉形成了东北东方向的轻微曲线。

再向前走,冲沟被留在了我们左边,而我们则开始攀登阿尔卡塔格的较矮的斜坡,其间跨过了不计其数的沟壑,它们当中的大部分都仅仅在底部有一点儿水。朝北面看去,地表相当空旷,是一片广阔的起伏不平的台地,并没有山丘挡住视线,只是在最遥远的地方出现了一行高大的山脉成为其尽头,山脉的顶部高耸着若干座雪峰。那是托库兹达坂南麓的景致。

在阿尔卡塔格山,我们的视野里常常出现一座巨大的双峰山。我们花了若干小时骑马向着它行进,却似乎丝毫也没有更接近它。下一个要关心的问题是得寻找到一处生长着牧草的合适的扎营之地,这一天我们倒不必为水的问题而担心。在行进了18英里之后,我们在一条较大的溪流边搭起了帐篷,那里的草长得还说得过去。旅行队伍中的牲畜已经能很好地适应这样的饲草了,可是伙计们的情况却不大好,尤其是斯拉木巴依。

8月13日和14日我们都被迫留在了5号营地,而其原因令人沮丧。一开始,那些伙计试图用牲畜需要休息的理由来说服我停留,而在13日清晨,他们向我报告说斯拉木巴依病得很重。这个可怜的家伙不愿让我把浪费一天时间的损失算到他头上,于是就叫其他人搬出牲畜来承担责任。他发起了高烧,脉搏跳得很快,并出现了心悸和头痛的症状。他不相信这仅仅是高山反应,因为他咯血,而且虚弱到了无力把手抬到嘴边的地步。

我在旅行日志里写下了这样的话:

"斯拉木巴依恳求其他人试着说服我在清晨继续前行,而把他和另外两个身体也不舒服的山地人留下来。他提议把箱子、钥匙以及供给品和武器弹药的控制权都移交给帕皮巴依。如果他的身体状况有所好转,他将会试着翻过托库兹达坂去且末,再从那里经喀什噶尔返回自己的家。我给了他奎宁和吗啡,还用芥末硬膏来疏导他头部的血。在此之后,他睡了几个小时。我为这可怜的家伙而感到非常不安。他的情况看起来不容乐观,而在此之前他从来没生过病。要是失去他的话可就糟糕透顶了,届时我将会彻彻底底成为孤家寡人。他从最开始就一直和我在一起,曾经与我共渡种种艰险困苦。他总是吃苦耐劳,甘于担当,为我提供了实实在在的帮助。行程中总是由他来负责队伍的准备以及装备的整理等诸种事务,也是通过他来雇用那些值得信任的伙计来帮助我们,他还肩负着供给品的购买与看管的职责,而通常说来,他都能小心谨慎、精明远虑地照看好所有事情。斯拉木巴依一个人抵得上十个其他任何人，总之，若是失去他，损失将无法弥补。可是现在他躺在那里，就像一个衰弱不堪的老年人，不断呻吟着，仿佛正游离在死亡的边缘。现在很难让人把他带走，因为这是我们的最后一趟旅行——也是我们第七次结伴而行。而他牺牲了本可以在奥什的家中享福的三年宝贵时光，就是为了陪我同行。

"我在试图进入藏北的过程中遭遇到了重重困难。现在我们的营地就像是个医院，而与一队病弱之人一起旅行则是不可能的。在这样的情况下，一个人就像是被缚住了手脚，他别无选择，只能把无力完成旅程的人留在身后，当然首先得确保他们会得到妥善的保护和照料，而如果不这样做的话，他就只能放弃这次旅行。这后一种可能性是我极端厌恶的，我宁愿死也不愿意掉头回撤。我必须去探索这些自阿尔卡塔格向南延伸的不为人知的高原地区。

"在高原上呼吸着明澈新鲜的山间空气是多么令人欢欣、愉悦，同样让人感到赏心悦目的还有不断变化的景色，而与之相比沙漠中的景象则是如此单调、如此一成不变，那里的天总是灰蒙蒙的，空气总是灼热的，还总是伴随着蝎子、扁虱、蚊子以及缺水带来的困扰！一想到终于将那些荒凉的不毛之地甩在身后，我就会感到欢欣鼓舞。可是我的这些伙计们却惧怕寂静的群山，他们渴望回到低地上去。

"斯拉木巴依生病本来就十分不幸了，而雪上加霜的是这件事还带来了另一个不良后果。当其他人看到他们的领队病倒之后，他们也信心全失，情绪低落，他们开始嘀咕，认为死神徘徊在我们的营地里。

"不过我的信心还是在一定程度上让他们保留了勇气。当我去探望病人的时候，他们显得很高兴，也愿意过来跟我讨论对于未来的计划。然而，他们的话说得还是不多，而往日间那欢乐的歌声也被沉寂所取代。"

除此之外，我们停下来休整的那两天过得波澜不惊。中午的时候，溪流涨了不少，而且变成了砖红色，不过到了傍晚，水位又下降了，同时也恢复了清澈与纯净。空气是不可思议的纯净透明状态，就连最遥远的山脉的轮廓及其每一点细微之处都毕现无遗。我派人朝东南方向先去探路，他们回来报告说，前面有一个很深的山谷，被一条小河所横穿。哈姆丹巴依认为那条小河可能就是帕特卡克里克（Pattkaklik，泥水），是且末河的一条支流。他还相信，利特德尔当初就是走到该河谷的最顶头才找到穿越阿尔卡塔格的山口的。哈姆丹巴依确实应该知道这些，因为他曾是利特德尔旅行团队中的一员，可是后来事实却证明，他的估测是错误的。

哈姆丹巴依相信，我们在两星期之内将会到达牧草生长繁茂的地方。5号营地周围长的那点少得可怜的草味道苦涩，要不是饿极了，马匹绝不会对它们有兴趣。这里就连野驴也踪迹全无。很明显，它们知道在其他地方有品质更高的草场。

出于以上考虑，哈姆丹巴依的意见是，我们应当尽快动身前行，因为如果在此处继续待下去的话，马匹就会病倒。已经有两匹马看起来不大对劲了，它们不吃食，整整一天都安静地卧在同一个地方。不过其他马匹，还有驴子和骆驼，在经过了那样艰苦的跋涉之后都还算状况良好。我们还有足够喂它们30天的谷物，而我们自己的口粮则足以维持两个半月。

傍晚，我给了斯拉木巴依一粒吗啡，使他又睡了个好觉。到14日早晨他就感觉好多了，能够咽下一点儿面包和茶，并且成功地起身下地，还裹在毛皮里到处走了一小会儿。他希望自己可以在第二天跟上我们。

天气很不好，在12点钟到下午4点钟之间下了一阵冰雹，之后又降了一阵疾雨。在下冰雹的时候，气温（下午4点钟时）是60.8°F（16°C），而雨水在几分钟之内就令气温降到了48.2°F（9°C）。这里的绝对海拔是16300英尺。

每天傍晚日落时分，我都会兴致盎然地看着骆驼顶着石块似的驼峰像法官一般庄严肃穆地缓缓走向帐篷，去得到当天属于自己的那一份玉米。玉米被倒在铺在地上的一块帆布之上，骆驼围在它四周跪下，狼吞虎咽地吞食着玉米，而这贫乏的食物供给却并没有令它们脾气变坏。

第七十五章

# 寻找山口

8月15日。令人高兴的是，斯拉木巴依的身体状况好多了，我们可以在惯常动身的钟点出发。不过生病的马匹中有一匹死掉了，被我们留在原地，作为曾经经过那里的纪念。这是第一头死去的牲畜，唉，在它之后又有太多的同伴失去了生命。

天空中点缀着朵朵羊毛般蓬松柔软的白云，它们轻拂着山脉的顶峰，使得地形的外观像是变扁了。东边的天幕看起来如此低垂，让你感觉到似乎都无法在白云之下挺直腰杆儿行走。

我们顺着宽阔而规整的纵向山谷继续前行，这条山谷顺着阿尔卡塔格北麓的山脚延伸开来。山谷基本上是水平的，即便稍有倾斜也基本上难以察觉。在其最东端，白色的双子峰如同指路的灯塔一般闪烁着微光。我们右侧的阿尔卡塔格置身于其外围山脉中，而在我们左侧，现在也出现了一系列高耸的山脉，不过山顶上并无积雪。纵向的山谷被一条横向山峡深深切入并贯穿，那山峡里砾岩遍布，穿流其间的小溪刻画出一条很深的水道，不过这个时候里面的水并不多。水道的侧壁因为含有一种砖红色粘板岩质地的岩石而颜色发红，而河底紧密地堆满了细小的砾石，包括绿色晶体的粘板岩、花岗岩以及斑岩，也许这些就是在阿尔卡塔格海拔较高的地区中最常见的岩石。

这个规模巨大的水槽顺着纵向的山谷向下延伸,一路上又将几条小溪纳入怀中,它从一个极为窄小的入口切入北面的山脉(该山脉已经完全被托库兹达坂遮挡在视线之外),而其另一端或许蜿蜒去往东北方向。

纵向山谷变得越来越窄,也越来越险峻。我们沿着溪水的左岸行进,并跨越了一长串沟壑,其中最大的一条有30~35英尺深,多处侧壁都是垂直的,里面只有一点点水。附近生长着少量的草,这使得我们由于天气原因而被迫停在那里宿营成为一个幸运的意外,尽管当天我们行进的距离非常之短,只有10英里。

大约在中午的时候,厚厚的云层汇聚到西边的天空,并且以一种可怕的速度向东移动,而在临近地表的地方,风则是吹向东北方向的。密云迅疾地将我们包裹其中,不断向我们逼近。只有在东面还露着一小块灿烂的蓝色,但其面积还在迅速地缩小。我们被看起来十分凶险的钢青色暗云从其他各个方向所包围。

然后,我们听到了深厚微弱的飒飒声与呼啸声。声音距离我们越来越近,响动也越来越大。自西而来的风开始狂暴地刮起,一场无比猛烈的雹暴降临到我们头顶。冰雹砸在地面与山侧,直到它们看起来就像是冒起了烟尘。我们一下子就被黑暗所笼罩了。雷声震耳欲聋,仿佛就贴着我们头顶炸开,但却没有出现一道闪电。地表被铺了一层厚厚的仍在跃动的冰雹,除了雹块沿着脚边的地面形成的白线之外,我们什么也看不见。雹块并不比玉米粒大,但狂风赋予了它们巨大的力量,我能够清楚地感觉到它们穿透我的毛皮外套和帽子。在这无端降临的惩罚面前,马匹变得难以驾驭。我们被迫在原地停留了大约一刻钟时间,因为在这样的条件下根本就不可能辨识路途。我们坐在马鞍上,背对着风吹过来的方向,把斗篷拉起来护住耳朵,而冰雹就落在我们身边,噼啪作响。仅仅在两三分钟之内,刚才还是一派明媚、晴朗、宁静景象的大地就呈现出一番极地的景致:地面白得就如同洒了白垩。

整整一个小时我们都无法继续前行,不过很快风暴最猛烈的阶段就过去了,我们下马,匆匆搭起帐篷。冰雹又足足下了一个小时,地上积的雹子有一英寸厚,不过到了傍晚的时候就全部消失了,因为就像通常的情况一样,冰雹停止后下了一场倾盆大雨。因此,在帐篷被支起来之前,我们从外到里全都湿透了。那些可怜的牲畜不得不立在外边那刺骨的寒冷中。不过骆驼对此浑不在意,它们立刻就开始啃起草来。

8月16日,我们出发得很早。天气很冷,刮着风,天空被密云所覆盖。大约在7点钟的时候,云层分解四散,但没过一会儿,它们又迅速地聚拢堆积到一起。根本无法辨别这些云朵是从何处飘来的,一开始的时候,天空中似乎只有一小缕云彩,但它以无与伦比的速度越胀越大,最终占据了天空的每一寸地方。

前一天晚上,我派了一些伙计前往我们宿营的峡谷前方去探路,他们回来报告说,峡谷的最上端极其狭窄和险峻,并且被石块堵塞住了,因此我们认为最好还是继续沿着那条纵向山谷前行。于是,我们费了一些力气横跨过峡谷,然后穿过一片竖着许多圆丘的土地,又经过一个直径约为270码的小湖。湖水清澈而新鲜,湖面上停了十来只大雁,它们正在秋季飞往印度的漫长旅途中稍作休憩。

我们现在意识到自己正在向上攀登这一事实。路上还有牧草,可是草丛越来越稀疏。山谷完全被两边高耸的山脉闭合其间。从山侧流下的以及从峡谷支脉中流过来的降水都汇聚到了一条溪流中,这条溪流在更下游的地方与我们宿营所在的6号营地旁边的溪流交汇到了一起。我们终于接近了纵向山谷的高处顶端,其顶点的标志是一个小洼地,不过已经干涸了,而在另一侧,水流向东北方向。我们沿着一条峡谷支脉转向东南东方向,这条峡谷支脉像那纵向山谷一样被两边巨大的横岭闭合在内,也与后者一样被一条小溪所横穿。小溪距离右侧的峭壁非常近,溪水将绿色的粘板岩剥露在外。

不过此时我们完全是在随意地前行,我们并不知道这条峡谷支脉能让我们前进多远的距离。峡谷渐渐地朝着东南方向倾斜,其右侧环绕在一座巨大的山峰旁。当我们到达山脚下时,再次遭遇了一场大冰雹,之后又是雨雪交加,不过天气还没有糟糕到阻止我们继续前行的地步。我们现在能够预料这样的天气在大约午后一小时的时候会出现,无论早晨是多么晴朗明媚。

在暴风雨最猛烈之时,我们来到了另一个相当平坦的分水岭边上。正如前一座分水岭一样,它也把降水同时送往东、西两个方向。我现在开始更为确定地理解了,在我们正行走其间的这片地域,阿尔卡塔格山系是由许多平行的山脉所组成的,而奇怪的是,其间的横向山谷少之又少。我们能够毫无困难地轻易横穿山脉之间那些纬度方向的山谷,而峡谷支脉则仅仅能支持我们向南前进微不足道的一点距离。

在朝着东边走了大约一个小时之后,我们进入这样一条峡谷支脉,但它很快就变得十分险峻。峡谷入口处的地层结构非常奇怪,地表由细碎的岩屑组成,上面交叉流淌着若干条不流向任何方向的细流,地面因此而变得松软,牲畜走在上面整个蹄子都会陷进去,这对它们形成了不小的考验。

同时,我们步履沉重地沿着峡谷前行。峡谷收缩得很快,其最前端成为一个山口,而我们希望此山口就位于阿尔卡塔格的主脉上。我们费了九牛二虎之力才把马匹赶上了山。可这项艰苦的工程刚刚大功告成,我们就发现自己被云层所包围并且遭到了一阵雪与冰雹的袭击,然后我们就被无法穿透的浓雾包裹其中。我们看不清该走哪条路,但我却不愿失去一个拥有山口所提供的全面视角的机会,从山口处可以综合观察我们深陷其中的那复杂而迷惑人的高山地区。经过简短的商议,我们决定就在此地,即山口的顶上停下来休整。这里的海拔为17235英尺。那天我们行进了16.5英里。

宿营地在匆忙中被搭建起来。天气又阴又冷,令人十分不适,最轻微的活动也会带来剧烈的心跳和急促的喘息。风穿透了所有东西,冰雹带着无情的力量横扫过山口。这里寸草不生,也没有任何可以用来生火的东西,水要从山口下面很远地方的一处岩石裂隙中取来。不过到了大约下午5点钟时,天开始放晴,晴到足以让我们看见在南方和西南方向有一座险峻的被白雪覆盖峰顶的山峰,山体由微红的岩石构成,但看起来山上并没有可以通行的山口。我们宿营地所在的山口只是通向阿尔卡塔格的另一个横岭,因此,我们爬上它是完全徒劳无功的。

不过在山口的正南面有一条幽深而险峻的峡谷,谷中的沟渠将各个溪流汇聚在一起,那些小溪从山脉、山峰以及连接它们的山脊所组成的无法走出的迷宫中流淌下来。不过我们相信我们在东面辨识出阿尔卡塔格的一条很小的谷道,而一条纬度方向的山谷直通向那个方向。在我们周围是完全杂乱无序的群山,有的颜色乌黑,有的则是砖红色或绿色的,其中最高的山顶部白雪皑皑。相对来说它们都不是很高,因为我们似乎与其中的绝大部分山峰都位于同一海拔高度上。

可是群山所组成的广阔海洋很快就被卷入厚厚的云层和一场猛烈的暴风雪之中。云朵在山顶之上飘动,展开一场疯狂的竞技——那些浓厚而沉重的云块顺着崎岖的大地的轮廓拖拽着它的雪的帘幕的边缘,在身后留下了白雪织就的缎带。雷声阵阵轰鸣,震得我们的耳朵生疼,巨大的隆隆声令大地颤抖,而云层被刺目的闪电割开缺口。在山口顶端的位置并不是可以让人安枕无忧的,我的帐篷被搭建的位置不佳,山脉的顶峰大约比帐篷支撑杆高出了30英尺。

那天傍晚,我们花了很长时间来等待骆驼和驴子的到来,事实上,我派了两三个伙计返回去寻找它们。日暮时分它们终于上来了,赶牲畜的伙计在驱赶它们攀上山口的过程中遭遇了相当大的困难。我的晚餐分量比平时还要小。我们用一个腾出来没用了的装货箱来烧沏茶的水。在同山地人商议之后,我们决定继续沿着这个方向走,从山口陡峭的东侧走下去。向南行进的企图纯粹是不可能实现的。

月亮明亮闪耀,光彩夺目,并被一圈极其美丽的月晕所环绕——仿佛一个鲜亮的黄色圆盘镶上了一圈蓝紫色的边。可是这夜的女皇很快就躲藏到了云朵后面,风从四面八方呼啸而来,穿过山口。不过夜晚还是很宁静的,宁静却寒冷(最低温度22.3℉,−5.4℃),冻得我直到钻进我那毛皮的温床中才渐渐暖和起来。

早晨的时候,由于没有可以用来生火之物,我只好满足于用半融化的冰来做可可饮料。要是在沙漠里的话,这将是绝佳的饮品,但在这寒气逼人的群山之中,它可真是太凉了。骆驼和驴子的队伍很早就出发了,我们发现它们下行所走的道路正是我们前一天下午爬上山的那条路。我留下领队斯拉木巴依去把骆驼和驴子引上正确的道路,而自己和伊明·米尔扎则继续沿着我在前一天晚上所设定的方向下山。在骑马前行了一个小时之后,我们看到了驴子和绵羊所留下的踪迹,它们不过是走了另一条绕着我们过夜的那座山的路,可是骆驼却走上了错误的方向,不过我们希望赶骆驼的伙计能尽快发现错误,然后来找我们。

于是,我们继续沿着前一天走过的那条纬度方向的山谷前行,也就是说,仍然是向东行进。到目前为止,我们已经观察出了阿尔卡塔格的所有这些纬度方向的山谷都具备的一些特点。它们所接受的支流大部分都自南而来，包括其中那些规模较大的支流，即便有自北而来的支流，也是其中规模较小的那些。除此之外，沿着山谷流下来的溪流都强烈地向着从北边挡着它们的低矮的山脉倾斜，而每条山谷里这边的山坡总是要比山谷南面的山脉临谷的山坡要陡峭。不过另一方面，比起南面山坡上那相对较为丰富的碎石岩屑来，北边山脉的侧面却常常裸露着光秃秃的岩石。

　　大约走了8.5英里之后，我们发现我们的驴子正在远处一块高高的阶地上吃草，这块阶地突出地悬于我们一直沿其而行的那条清澈的溪流的左岸上方。就在那里，在非凡的美景中，我们支起了帐篷。在场的每个人都参与到搭帐篷的过程之中，因为当时猛烈刮起的西北风令这活儿变得很困难。这里的草长得还说得过去，使得在此处休整对于牲畜们来说成为必要，因为在前一天它们被迫忍饥挨饿。当天晚些时候，当哈姆丹巴依和骆驼队一起到达这里的时候，他认出了这个地方。就在一年前，利特德尔就在从这向北仅仅10分钟路程的地方扎营。利特德尔从塔里木村镇出发，为了寻找能够翻越阿尔卡塔格的更为向西的山口而在那里停留了几天，不过他的寻找也如我们一样不成功。随后，他尝试沿着一条东面的山谷而行，在那里发现了一个容易通过的山口，山口通向阿尔卡塔格南面的一个小湖。我们打算利用利特德尔的发

● 利特德尔扎营之地的景象（距离我在藏北的8号营地不远）　　　　**621**

现,因为哈姆丹巴依保证能把我们带到那位英国旅行家穿越山脉的那个山口的所在之处。

因此,8月18日就被用来做休整了。我去了利特德尔扎营之处,但没有往更远的地方走。在一些被烟煤所染黑的石头中间仍然看得出生过火的迹象,而且附近的地面上留有许多他的旅行队伍中的牲畜留下的踪迹,因此我们现在就有了足够的燃料。甚至可以在地上分辨出一条牲畜踩出来的小径,在小溪边,还有一件某人丢弃的旧衬衫。就在这个地点,同时从纬度方向的山谷的东西两部分汲水的那些溪流汇聚在一起,并通过一个奇特别致的山峡插入北面的山脉之中。附近这一片地域如同一个富含黑色粘板岩的巨大采石场。这些粘板岩的表面被风雨所侵蚀,它们分解成了薄片,与晶体的片岩交错互生在一起,这两种岩石上都形成了层层叠叠的褶皱。到中午的时候,那条汇流的溪流的流量为每秒钟210立方英尺,溪水就像玻璃一般明澈,一路潺潺流下,发出欢快的声响,时而翻动河床上已被水磨损的石头,时而在其周围制造出一圈泡沫。

我们的营地就建在弯曲的溪流的一个急转弯处,看起来就好像是位于一个小小的半岛之上,被小溪所环绕,而这条小溪的溪水来自于纬度方向的山谷的西边部分。清晨时分水位最低,随着白天时间的流逝,水量一点点增长,傍晚时水量达到最大。不过到了夜里,水位又会下降,并且边上会结起一层薄薄的浮冰。

太阳刚一落山,寒冷立刻如期而至,温度计上的指示线急剧下降。不过最麻烦的还是永不止息的风,在入夜之后风仍不见减弱,这使得帐篷里面冷冰冰的。这里的夜晚总是平静安宁,月光皎洁。在有效辐射的作用下,最表层的土地总是会上冻,不过当太阳在早晨升起之后又总是会迅速地解冻。

这天夜里最低温度是12.2°F(−11℃),此处海拔为16675英尺。

第
七
十
六
章

# 山　地　人

　　那天傍晚,我们与山地人达成协议,其中的三名山地人会依照其为我们服务的时间得到报酬,然后沿着来路返回;两人将和我们一起翻越阿尔卡塔格,之后可以离开;而剩下的人会和我其他的来自新疆塔里木与中亚的随从一样,随同我们继续前进,直至到达有人居住的地区,无论那将是哪里。

　　最后那部分山地人,也就是将和我们一起走完全程的那些人,乞求我预支给他们一半的报酬。我找不出任何理由不同意他们的要求,于是就把钱付给了他们。一些从塔里木来的家在于阗和和阗的伙计将数目相当可观的一部分所得报酬交给了三名即将踏上回程的山地人,这三个人同意在第二天清晨出发之前写一份公证书,声明他们收了那些钱,并保证会将其交付给应当交予的人。

　　事情谈妥,我们就都回去上床睡觉了,而山地人像往常一样露天而眠,他们将装玉米的麻袋、马鞍以及其他行装垒成一圈,把自己护在其中。

　　因此,你可以想象,当我的伙计们在8月19日清晨5点钟醒来,发现除了我的秘书伊明·米尔扎之外所有的山地人全都消失了的时候,他们该是多么地惊诧。斯拉木巴依立刻就把我叫醒并向我汇报了所发生之事。

我们召开了一个紧急会议。我的那些伙计们整夜都睡得死死的，并没有听到任何可疑的声响。他们相信山地人一定是在大约午夜时逃跑的，毫无疑问，那些人希望较早出发能保证他们逃过追捕。除此之外，那些人也明白在我们刚刚走过的这个牧草如此匮乏的地方，每一天时间都宝贵之极。当我们检查物资储备时，发现少了10头驴、2匹马以及大量的面包、面粉和玉米。最糟糕的是，那些山地人已经提前拿到了一半的报酬，而且还带走了其他人的钱，并没有留下任何书面的公证。

很明显，这次逃离是提前预谋好的，因此他们有意把尽可能多的钱财敛入自己的腰包。不过令我们震惊的是，他们竟然能够完全无声无息地离去。一个伙计回忆起来大约在午夜时分曾听到狗在狂吠，不过那时他以为狗是在冲着骆驼叫，因为骆驼常常会走出营地，在黑暗中如影子一般游来荡去。

但是，我们不会让自己这么轻易就被欺骗。我们仔细查看了营地周围的地面，试图寻找出小偷们走的是哪条路。看起来他们好像是一个一个或一对一对地沿着各个不同方向离开的，随后在背面的山脚下集合，以期用这种方式来误导我们——如果我们试图追踪的话。他们之中的两三个人是步行的，两个人骑马，其余人则骑着驴子。不过由于好几头驴子已经筋疲力尽了，他们逃跑的速度就不会很快。因此，我下了命令，马上出发去追捕他们，要不惜一切代价，不管是通过正当还是非正当手段，都一定要把他们带回8号营地来。他们如此可耻地欺骗了我们，就应当为此受到惩罚。

帕皮巴依是重要人物，他担任了追踪小分队的指挥，小分队里还包括哈姆丹巴依和来自于阗的斯拉木·阿洪。他们装备了来福枪和左轮手枪，骑上我们所拥有的最矫健的马匹，追寻着北面山脉的山口处留下的踪迹，迅速地从我们的视线里消失。我给这些伙计们下了指示，如果逃跑者拒绝跟他们回来的话，他们可以发6枪，不过无论如何不要打伤任何一个山地人。

我们这些留在营地里的人除了耐心等待他们回来之外别无他事可做。

白天过去了,黑夜也过去了,并没有追踪者们返回的迹象。我开始担心他们走错了路,要是这样的话,这第二个错误可就比第一个还要严重。不过到第二天下午5点钟的时候,他们终于回来了,而他们的马匹已经筋疲力尽。以下就是对其间所发生的故事的叙述:

整整一个白天连同接下来的整个傍晚,他们都骑着马轻快地小跑着沿着逃跑者留下的踪迹追踪。马匹的状态相当好,而且除了骑手之外不用承担其他任何重负。他们经过了我们最近的两个宿营地——7号营地和6号营地,在接近午夜时分就从距离6号营地不远的地方发现远处燃着一堆篝火。他们认定这篝火一定就是那些逃跑者燃起来的,于是就朝那里骑过去。两匹马和一些驴子在附近吃草,5名山地人正围坐在篝火边上取暖,而其他人已经睡觉了。经过了漫长的强行军,整个队伍都已经人困马乏。他们所享有的优势是在出发之前得到了休整,而出发之后走的又是下山的路。他们一直不停不休地赶路,不过由于其中大部分人都是步行的,因此注定会被骑着马的我们的人所赶上。

帕皮巴依和他的两个同伴骑马奔向篝火方向,山地人一下子就跳了起来,四散逃往各个方向。但帕皮巴依在他们身后紧追,并且用来福枪朝空中鸣枪示意,冲他们叫喊着让他们立即停下脚步,否则就拿枪把他们打趴下。于是那些人趴在地上,哭喊着乞求宽恕,并且爬回到篝火旁。帕皮巴依把每个人都绑了起来,从其身上搜出了所有的钱,接着,在睡了两三个小时之后,他和两个同伴一大早就带着那些山地人开始返回,除了我已经解雇并同意其回去的那三个人之外。这伙人的头目是一个年纪大约40岁的家伙,他策划了这次逃跑行动,他的双手被绑在身后,步行走完了整个回程的路。

当逃跑的家伙们回到营地时已经是晚上10点钟了,来自于阗的斯拉木·阿洪看守着他们,丢失的财物被归还给我,但他们无法还给我的是那失去的两天时间,这是我们难以承受的损失。山地人的头领被带到了我的帐篷前,其余肇事者呈半圆形围在他身后。我斥责他做贼的罪行,并且告诫他,若是他在同样的状况下落到了办事大臣的手里,他可就要吃不了兜着走了。

为了让他明白无论是他还是其他任何人都不应该以他那种可耻的方式来对待他人,我做出的处罚是他应当接受19下棒笞,不过倒不必打得很重,尽管我的其他伙计都坚持认为他该被结结实实地痛揍一顿。除此之外,我还规定:这些小偷们要通过劳动来为他们背信弃义的行为赎罪,他们每晚都要被捆绑起来直至我们认为可以再次信任他们,要赔付帕皮巴依、哈姆丹巴依和斯拉木·阿洪因此而失去的三天的报酬。他们要一直随我们而行直到我认为放他们回去的时机已到,而当我最终同意他们离开之时,他们所得到的报酬之多少要完全取决于我的良善之心以及他们在此期间的表现如何。

在荒凉的群山之间组织这次夜间"审判"实在是一大奇景。那些家伙默默地围成圈站在我帐篷前的空地上,穿着毛皮衣裳,月亮和我的蜡烛发出的微光映照着他们。对我来说,被迫惩罚他们一点儿也不令人愉快,但他们的确应该受到惩罚,而他们在此之后的无可指摘的行为证明了惩罚其实是对他们好。

当然,不管是逃跑者还是追捕者,无论是参与其中的人还是牲畜,都已经被这迫不得已的高强度行进折腾得筋疲力尽,因此我们被迫又牺牲了一天在8号营地做休整——这已经是我们在这里待的第三天了。天气仍然如冬天一般寒冷,午后时分,时不时地飘起雪来。在下午3点钟以后,一阵猛烈的风暴从西北方向朝我们刮来,它掀翻了我的帐篷,不过由于支架在倒塌之前略吱作响并且被猛力拉扯了一会儿,而我已经为其翻覆做好了准备,因此里面没有任何东西受损。

到晚上8点钟,又开始下冰雹。雹块打在帐篷顶上,发出巨大的噼里啪啦的声响。然后一切安静下来。到了夜里,整个大地都被白雪所覆盖,只有小溪的河底除外,溪流沿着一条曲折的黑色曲线蜿蜒而去。风暴持续刮了整晚,帐篷顶部在积雪的重压下弯得越来越厉害,我被迫起了好几次床,把上面的积雪处理掉。雪同样在帐篷周围堆积起来,积雪形成了一道墙,挡住了气流,反而使得帐篷里面变得更加暖和。这场风暴直到8月22日下午才停下来,而我们在此之前都无法行进。

那天我们所行进的距离短得可怜,不超过2.25英里,原因是据说前方就不长草了。我们仅仅是沿着前面提到过的那条山谷的左侧前行,山谷自东面展开,而它和西面那个纬度方向的山谷一样,被阿尔卡塔格支脉中数目相当可观的群山所包围。我们沿着山谷行进,直至到达利特德尔的旅行队伍曾经扎营之处,在那里我们支起了自己的帐篷。我们从他那儿受惠良多,因为发现了他的牲畜所留下的大量干粪,这样我们就可以省下所带的燃料了。这真是很奇妙,不知道这些牲畜粪便是如何在这样的地方保存得如此之好的,要知道我们所收集起来的那些粪便已经置身此处一年有余了。事实上,一开始我们还以为这是野驴留下的粪便,因为就在近期这种动物曾来过此地。答案似乎是这样的:这是因为在高海拔地区从不下雨,降水总是以雪或冰雹的形式出现,否则的话粪便很快就会变得疏松,干了之后即成为粉状,最后则被风吹走。

　　大约在今天中午 1 点钟的时候又开始下冰雹。风是我们最难以应付的敌人,每一天,日复一日,它都会前来拜访我们,还带着冰雹作为其随从。它差不多总是在同一钟点到来,然后一直持续到傍晚时分,有时候整整一夜都不离去。风使得空气变冷,无论我把毡子拉得多紧,它也能穿透阻碍进入帐篷,吹得蜡烛忽明忽暗,火光闪烁不定。之后我的床铺就会变得冰凉,当我爬进去时,感觉就好像把脚放进了半融化的冰中。我就这样躺着,浑身战栗发抖,上下牙咔嗒咔嗒地打着架,直到暖和过来为止。

　　8 月 23 日。一大早我就被剧烈降雪所发出的声响吵醒了。冬天又降临到我们头上,马背上已经全白了,当立在那里翻动着空空如也的马料口袋的时候,它们看起来既疲惫不堪又厌倦烦躁。我把伙计们招呼起来,他们匆匆忙忙地做好了队伍出发的准备,因为我预计我们将要度过漫长而艰苦的一天:我们希望能在这一天之内通过利特德尔所发现的那处山口而翻越阿尔卡塔格,而哈姆丹巴依负责指引我们到达那里。

　　旅行队伍中的牲畜列成长长的一队,缓缓地离开山谷,走了没一会儿,山谷就缩窄了,两边接临的山相对高度有所下降,同时形状也变得更为浑圆。只有在受到河水冲刷作用的沟壑里,岩石才裸露出来,而在其他地方,岩石的表面都被泥土所覆盖。这条溪流的某些地方又宽又浅,随着我们向上攀登,其流速也越来越快。溪水如同水晶一般清亮明澈,在铺满细小砾石的河床上欢快地翻腾着。这里的岩石由一种暗绿色的硬质晶体粘板岩所构成。

　　然后,我们来到了山谷的延伸部分,那是一个河流的聚水盆地,河流在此处接纳了许许多多从周围的山坡上流下来的小支流。

一场遮天蔽日的暴风雪迫使我们停了很长一段时间,之后我们沿着一条地位显著的山谷继续向着东南方向进发,这条山谷之中流淌的是该河最大规模的支流之一。这条新的山谷在好几处地方都出现了分岔。

　　我们在所遇到的第一个分岔处见到了利特德尔留下的一点痕迹,其实是一头驴子的尸体,已经像个木乃伊那样完全风干了,一点也没有腐烂。很明显,无论是狼还是猛禽都未曾闻到腐肉的气味。从我们的8号营地到这里为止,我们一直正确地沿着利特德尔的路线行进。

　　现在,我们终于看到前方在东南东方向出现了我们在阿尔卡塔格山峰上寻找了如此之久的山口。但是,当我和伊明·米尔扎到达主要山口北边的一个次要山口的顶端时,我们却大为震惊,因为我们看到了马队(按照通常的行进顺序,马队排在最前面领路)留下的行踪,其顺着一个通向左边即通向北面的峡谷支脉分岔而去。现在,担任我们的向导的哈姆丹巴依明显是在一个错误的地方转了弯。可是冲他大喊也无济于事,他在前方距离我们太远了,不可能听到我们的声音。

　　在我按照惯例完成了所应做的观测(海拔18300英尺)之后,我们除了沿着哈姆丹巴依的足迹前进之外别无其他选择。白天的时间在一点点流逝,而我并不介意露天而眠,不搭帐篷也不喝茶。我们很快观察到,我们所转进的这条峡谷朝着西方弯折过去,因此马队已经严重地偏离正确方向了。我和伊明·米尔扎还没往前走多久,就碰到他们折返回来了,我们的向导哈姆丹巴依走在队伍前面,看得出他正因为自己这令人难以置信的愚蠢行为而垂头丧气。他一直在队伍最前方不假思索地埋头前进,直到发现这行进路线和自己当天早些时候所留下的行迹交错到一起,这说明他们走过的路事实上形成了一个完整的圆周,尤其是他们甚至还翻越了一座山口,但这一切完全是徒劳无益的。

　　哈姆丹巴依坚持说,利特德尔的确曾经从那一点出发向北绕了一点路,而他自己则希望这山谷很快就转向东边和南边。我从未见过这样的极致愚蠢和对方向感的全然缺乏!我为这错误严厉地指责了他,也批评了其他人,因为他们就像一群毫无头脑的绵羊一般如此盲目地追随着他前进。

　　又前进了一段距离之后,我们在一条峡谷支脉的入口处扎营了,这天总共行进了13.5英里。这里找不到一星半点牧草,不过在石头中间生长着一种开着小红花的藓类植物。

出乎意料,这是个十分美丽的傍晚,空气绝对纯净,雪及其上方的白云都在满月的映照之下闪烁着夺目的白光。当骆驼进入营地之时天色已经暗下来了,它们就像寂静而庄严的影子一样悄无声息地向着营地慢慢走来。当背上的重负刚一被卸下,这些可怜的牲畜就急切地到处寻找牧草。马和驴子都被拴了起来,因为要先休息几个小时之后才能给它们喂食。除了厨子之外,其他伙计也习惯于一搭好帐篷就马上先休息。因此,在这一两个小时内,寂静笼罩着整个营地。

我抓住这一机会来观察月亮,这并不容易,因为外面十分寒冷(9点钟时温度为22.3°F,–5.4℃)。在我试图辨别棱镜圈上那些刻度精密的圆环时,它们总是会蒙上雾气,而在空气如此稀薄的地方是根本无法屏住呼吸的,即使只坚持两三秒时间。

一到通常喂食的钟点,马匹和驴子就开始嘶鸣并且烦躁不安地用蹄子扒地。当马料口袋被悬挂在它们脖子上的时候,就能听到干玉米在坚固的牙齿间被咀嚼和碾磨的声音,我很喜欢听这声响。晚餐结束后,它们会被放出去整夜自由活动,到第二天一早再集中起来。

这些幽僻的高海拔地区是如此接近如此安宁,我们有时感觉自己仿佛是在游历某个陌生而奇异的外星球。广阔无垠的天空从阿尔卡塔格山的雪峰上向我们的头顶投下一片朦胧的蓝色暗影。在这样一个世界里,一切都是静止不动、坚定不移的,所有东西都永恒地固定不变,除了那星辰所闪烁的微光、云朵缓慢而庄严的游移和冰雪结晶闪动的光彩。耳中所闻的唯一声响是水流从下方飞溅在河水那层冰盔甲上面时所发出的似金属敲击又似音乐般的拍打声。

夜晚是壮丽的,其美的程度远远超过了白天。万分遗憾的是,除了我们之外,再也没有任何其他活的生物能够在它醉人的庇佑下安眠!河流也睡去了,霜将其揽入怀抱,把河水变成了冰,于是潺潺的水流声也在睡眠中渐渐消逝。它会一直睡到第二天早晨太阳升起时分,阳光带来的温暖将重新唤起它的生命力,并且提醒它大自然的孩子永无休息之时——它们必须不间断地把能量消耗在对坚韧的大地外壳的塑形和再塑形的过程之中。

第
七
十
七
章

# 翻越阿尔卡塔格

　　直到8月24日,我们才如愿以偿地翻越了阿尔卡塔格。哈姆丹巴依说服他自己以及我们,让我们相信这条小峡谷确实通向山脉的顶峰,一旦确定了这一点,我们立即就动身出发。蜿蜒的溪水在冰壳之下涓涓流淌,上面的雪又硬又紧实。同样的粘板岩质岩石到目前为止还是数量最多,它们几乎是垂直地露于地表之上。

　　前往山口的道路并不十分陡峭,快到达山顶时,我们终于心满意足地见到了一直渴望一睹的南面的景致。不过这里并不是利特德尔通过的那处山口,他翻越山脉所经过的山口位于距这里以东若干英里的地方。对于这一点,哈姆丹巴依完全可以肯定,因为他拥有充分的证据:利特德尔的队员在他们所通过的山口的顶峰堆建了一座堆石标,但我们所经过的山口周围却并没有堆石标的踪影。或许从附近好几个地方都可以登上这条山脉,可能每一条峡谷的顶端都是一处这样的地方,因为我们到达另一边所通过的那个山口比山脉本身的顶峰要矮一些。尽管在峡谷两旁都看得到一小块一小块的白雪,山口本身却并未积雪,但这里的绝对海拔高度却十分可观,达到18180英尺。

　　从东南方到西南方这整整一圈的视野都无遮无拦,而且几乎无边无界,只是在东面和西面视线会被主山脉的外露层所阻拦。阿尔卡塔格南麓的地形比北麓要陡峭得多。

我们沿着一条蜿蜒的峡谷下山,峡谷被两边紧邻的附属山脉封闭起来,山脉在山口的侧面从各个合适的角度向着峡谷凸进来。两边的山脉都要比北面对应的横岭要短,其高度陡然下降,直到被掩隐在起伏的平面里,而最终融为广阔的台地的一部分。当我朝着南边凝视,目光越过辽阔的高原时,我发现到处都是一块一块看起来较小的形状不规则的平面与低矮的群山交织在一起,但实际上,它们是依然存在的山脉的一些彼此不相连接的部分。就我目力所及,看得到南面的地平线在东西两端都以壮丽的暗蓝色山脉为边界,不过在广阔的平原的衬托之下,那山脉显得相对较低。在东南方向和西南方向,山脉的顶峰都被终年不化的积雪所覆盖。在西南南方向有一个小湖,这明显是一个集水盆地,是在我们面前展开的这片更大的区域的排水之处。这样,我们就遇到了青藏高原上的第一个没有水流出的盆地。

在山口的顶峰好好休整了一番之后,我们从南边下山。我的兴致很高,因为知道我终于将塔里木以及使罗布泊枯竭的地区留在了身后。我们已经翻越了昆仑山脉和阿尔卡塔格,并且穿过了二者之间横亘的盆地,现在已然踏上了藏北高原这片地球上最为广阔的隆起。在我们的东边,除了邦瓦洛与奥尔良的亨利王子走过的路线,以及达特维尔·德·瑞恩斯和李默德到过的地方之外,每一寸土地都是未知的。

事实上,后者一定来过我们所借以到达青藏高原的路线的附近,但我们未能发现任何可以证明这一点的东西。利特德尔的路线已经被我们留在了身后,可是我们与那注入太平洋的河流的最西部的发源地之间仍有很长一段路程,而且在未来很长一段时间之内,我们将会在那些并不为地球上任何一个主要大洋贡献一滴水的地方旅行。

然后,我们沿着南边峡谷中的一条小溪下山。此时的天气好极了,迅速融化的雪形成泛着泡沫的小水流,顺着每一座山坡流淌下来。我们从峡谷较低的那一端走出了群山,接着,我们把峡谷中的溪流以及山脉的一个小小的孤立的分离部分——那是阿尔卡塔格最后的外露部分——留在了自己右侧,向着东南方向进发,左边是阿尔卡塔格南面的横岭。这里的视角绝佳,看得见沐浴在明朗阳光中巍峨山脉的辽阔延展。山脉由聚合在一起的山峰所组成,其中大多数的顶部都是圆形的,但有一座山峰特别醒目,它呈锯齿状,中间有凹口,峰顶如同尖塔一般,从白雪的覆盖之下冒出许多聚生在一起的黑色岩石。这就是我们在4号营地与5号营地之间所眺望到的那座双子峰。当我第一次观察到它时,它只是在遥远的地平线上隐隐显现,而现在,令人高兴的是,它已经被我们甩在身后了。

各处表面都被绵软而湿润的细沙和尘土所覆盖,这很容易使旅行队伍中的牲畜感到疲惫。我们所遇到的下一条溪流汇聚了无数条支流,渐渐地朝着南面和东南方向弯曲,流向我已经提到过的那个小湖,这样它围绕着独立于台地之外耸立起的一座山丘形成了一道半圆弧线。

在山丘的西南脚下,我们惊异地发现了一些牧草,我们的牲畜在前一天的迫不得已的节食之后,一定不会拒绝享用这一美餐。已经有一匹马和一峰骆驼完全筋疲力尽了,还有一头驴子没能通过山口。

我步行爬上了小山丘,在山顶上看到了一些壮丽的景致。我观察到几条小型冰川,从阿尔卡塔格峰顶上铺着终年不化的积雪的那些地方一直向南延伸。向东面看去,阿尔卡塔格从我左边最遥远的地平线

● 在阿尔卡塔格南面的第一个营地所见的阿尔卡塔格被我们所翻越的山段

上渐渐消失,而我右边则是我之前曾注意到的南边的山脉。后来我们发现,这是可可西里岭(Kokoshili Mountains)的延伸部分。在两条山脉之间,那个之前已经提到过的台地伸展开来,其东面的地平线形成了一条完全笔直的直线,而其最南端几乎目不可见。在西面,两条山脉同样一直延伸到目力所及的最远端,不过它们之间所夹的那片地域在地形上更加多样化。

我脚下的这座小山丘极为有趣,光裸的岩石,一般说来是暗绿色的粘板岩,从山丘东北和东面的山坡上以朝西北北方向16°的角度冒出来,但山顶却明显被一层水平的蓝黑色凝灰岩所覆盖,其中的一些有16英尺厚,上面有无数圆形和椭圆形的囊泡,有一部分里面充满了白色的矿物质。凝灰岩本身风化严重,不计其数的带着尖角的碎片到处散落在其表面。我还观察到在更南边还有另外几座顶上同样覆盖着凝灰岩的孤立的山丘。

当我和围在我脚边转悠的约尔达西三世一起走回帐篷那里的时候,夕阳正从如绿松石一般纯净湛蓝的天空缓缓落下,有几朵像羊毛一样柔软蓬松的雪白的云彩(卷积云)聚集成彼此独立的一团一团,在空中飘浮着。但是,夕阳的上沿刚刚消失于地平线之下,它在西边的位置就被一大片看起来暗含危机的黑云所取代。在贴近地面的地方,空气仍然保持着全然平静,可是在地势较高处,风刮得很猛烈。我们看到青灰色的暗云边缘被落日的余晖染上血红、亮黄和紫罗兰色等五颜六色的色块。云朵的某些部分是全黑的,另一些部分则不情不愿地允许太阳发出的光束穿越自己。

这真是既壮美又奇妙而且还令人敬畏的景观,我简直无法移开自己的视线!

随后,第一阵风吹了过来,搅动了平静的空气,一开始还很微弱而且时断时续,但很快就刮得更加猛烈和频繁。一场暴风突然降临于我们的营地之上,风带着难以言喻的狂暴猛刮着,伙计们奔向帐篷的绳索拼命将其抓紧,否则帐篷就会被掀翻。冰雹沙沙地打下来,凶猛地从我们耳边呼啸而过。马匹和其他牲畜都惊了,它们停止吃草,以一种惊人的速度向着东面狂奔,直至5分钟之后狂风过去才停了下来。西边的天空中没有再出现新的云朵,空气再次变得平静,壮丽的星光明亮的傍

633

晚降临了,但它注定不会持续很久,因为在整个前半夜,一切都被笼罩在浓厚的雾气中,雾浓得致使我们就连自己在其脚下扎营的那座小山丘都看不到。

我们频繁遭遇到那些暴风肆虐的过程,暴风过去,云朵掠过大地表面,似乎二者间发生了实际的接触。当黑色风暴把云作为悬挂的边缘从这里刮过的时候,山坡上那白色微光闪烁的雪地就变得阴暗而朦胧;不过第二天一早,当空气又恢复清澈澄明的时候,那些永不融化的白雪会更加辉煌炫目。

8月25日。我们向着东南方向进发,用了3个多小时来穿过一片几乎完全平坦的平原。不过,流向西南方的小溪证明了它并不是绝对水平的,而是向着它所注入的小湖的方向稍稍倾斜。这一路上我们越过了3条冰溪,其中没有任何一条具备足够的力量来为自己冲刷出一条确定的水道。每一条冰溪都分裂成许多条小水流,它们以一种高度反复无常的方式一次次不断地合流再分流。每条小水流旁边的土地都完全湿透了,马匹走在上面蹄子会陷下去,一直陷到蹄后上部突出的球节处,而每次它们抬起蹄子时的动作都伴随着抽吸水所发出的"扑哧扑哧"的声响。

我们跨过的下一条小溪流向东边,这样,我们在不知不觉间其实已经翻过了一道分水岭。到处都能看到一小片一小片的绿色牧草,其周围散落着大量野驴和羚羊的粪便。在左侧大约2英里外的地方,我们经过了另一个小小的圆形岩石隆起,其十分孤立地竖在那里,顶上覆盖着凝灰岩。然后,是一个小湖,长度不过1.25英里,但轮廓极为不规则,有许多条又长又窄的小溪从各个方向流向湖中。这第二个没有出水渠道的洼地是附近所有溪流的集水盆地。通过这一点,我推断出,延展于阿尔卡塔格与可可西里岭的延伸部分之间的广阔平原,是由一系列类似的自给自足的小型盆地湖泊所组成的,从中并没有水流出来注入大洋。后来我的推断被证明是正确的。

我们沿着同一方向继续前行,直到被一条又长又窄的冲沟挡住了去路,为了绕过它,我们被迫绕路向南去,在这途中跨过了一条向那条冲沟中注入大量水的小溪。现在,地表变得更加崎岖不平。一系列浑圆的小山丘一座连一座,一直向着东北方向延伸,要翻越它们可不是很容易的事。我们仍然看得到阿尔卡塔格上的冰川在我们的身后和左边微光闪烁，我们似乎正在以非常非常缓慢的速度增加着自己与其之间的距离。南面的山脉现在已经完全从视线里消失了，只有攀上山丘顶上的时候才看得见它。溪流朝着各个方向奔流，似乎是无法下定决心到底要流向哪里。石片垂直地出现于地面之上，就好像墓石一般，而在粘板岩的黑色边缘线以上，显露在外的岩石非常之少。令我们惊喜的是，在这一天的旅程之中，我们好几次路过生长着稀疏牧草的小块草地，山地人把这种纤细的草称作"萨利克"（sarik 或 yeylak-sarik，黄草）。

随后我们翻过了几座山丘，又跨过一条小溪，溪水流向东北东方向的另一个湖。在此之后，出现了一个宽阔的山谷，一条河流淌其间。正是在这里，我们遇到了第一头正在吃草的野牦牛。河水流向东，折向南，再流往西南方向，环绕着一座山丘形成了一个明显而清晰的圆弧，这个山丘比我们之前所遇到的任何一座山丘的山坡都要陡峭。爬上其山顶之后，我们不大肯定应当朝哪个方向走，因为无论从哪一面山坡下去，我们都会被包围在极端崎岖的山地之中——这完全是一座由重重山丘构成的迷宫，溪水在其间蜿蜒流淌，流向每一个方向，也没有明显的秩序，唯一的共同点是它们都最终汇入一条深溪，那溪水碧绿透明，流量为每秒 175 立方英尺，流向西南方向。

塔里木区域的河流全都流向一个共同的终端——罗布泊，在见识了这种近乎单调的规律性之后，再看到河流流向的如此无规律和倾斜度的如此不同，实在是一种陌生甚至于奇异的经历。仅仅在我们行进的一个小时之中，就看到某条溪流流向东面，而下一条则可能流向西面、南面或北面。我们总是无从判断最后溪水实际上是意欲流向何方，不过，我们仍然继续坚定地向着东南方进发，途中追溯一条险峻的峡谷或冲沟而上，峡谷长草的两侧有大量的野牦牛粪和野驴粪，足以为我们提供若干年的燃料。这里同样不乏动物本身在不久之前留下的大量活动踪迹。

最后，我们终于到达峡谷顶端的山口。看！一幅壮丽的图画在我们脚下铺开。

在较远的那一侧，山口高度急剧下降，陷入一个面积异常之大的东西向的湖中。湖水是美丽的浅绿色，但浅的地方呈现出黄色。现在，决定要走哪一条路的困难又大大增加了,因为在湖的东端之上,悬着近乎垂直的山脉。而在西边几乎同样的距离之外,是一片布满浅沼泽的湿地,向南面的路又被这个湖自身给切断了。

在考量了一阵之后,我们决定先停下来对周遭的环境做一番考察。旅行队伍小心地走下陡峭的山坡,来到湖的北岸,在那里,伙计们在夹在两个山丘之间的一个勉强有所遮蔽的地方搭起了帐篷。来自东南方向的风刮得很猛烈,当我站在山口顶部画速写草图和进行观测的时候对这一事实有了痛苦的切身体会。我能够看到很远之外。在东南方向,有一座白雪覆盖的山,湖南面的地形没有那么崎岖,但那边却还有另外3个湖,其间沼泽般的土地十分湿软。因此,我派斯拉木巴依沿着湖岸去探路,以确定旅行队伍是否可以向东行进。他回来后传话给我,说那儿有一条很容易走的路。

我们还没能在帐篷里舒舒服服地安顿下来,那常见的自西而来的风暴就降临了,这回还带来了倾盆大雨。迄今为止,我们都没有遭受过缺水的折磨,而在出发之前这曾是我们最担心和害怕发生的问题。可事实上到处都有充足的水源,草也不像山地人所试图让我们相信的那般稀少,毫无疑问,他们是试图用恫吓来阻止我们进行这次旅行。在我们所遇到的这个湖的周围,长着相对来说比较优质的牧草,因此,伙计们请求在此处休整一天,尤其是在所有马匹和驴子已经筋疲力尽的情况下。

那峰生病的骆驼没能跟得上我们最后一天的行程,走到一半时它就不行了,于是被留在了一池新鲜的清水旁。负责看管骆驼的哈姆丹巴依认为那峰生病的骆驼一定在发烧,因为它不时会剧烈地痉挛一阵,而且还经常咳嗽,整整4天它连一口玉米都没吃。当我们休息的时候,两个伙计返回去看它的情况如何。

群山中回响着隆隆的雷声,孕育着风暴的云像往常一样朝东推进。

这一天的休整受到了人畜双方面的欢迎,因为稀薄的空气十分耗费气力,而我们只能逐渐地去适应它。生病的骆驼被带回了12号营地,到了早上,它已经可以吃一些玉米了。

帕皮巴依自信满满地坚持认为,我们所到达的这个湖并不是达特维尔·德·瑞恩斯的旅行队曾经路过的,可是,尽管我并不完全了解那位法国旅行家所走过的路线,但我相信这一定是同一个湖。通过温度计上所显示的沸点,可以推算出这里的海拔为16165英尺。

到了下午,天气变得糟糕透顶,使我无法进行计划中的远足,即前往溪水注入湖泊最西端的河口。整整一个下午,又是冰雹又是倾盆大雨,所有景物都被笼罩在类似于秋雾的薄雾之中,使我们就连在其旁边扎营的那个大湖都一点儿也看不见。也许这一地区降水量最大的时候就是秋季。傍晚的时候,雨停了,雾散了,空气变得清澈而透明,湖水犹如镜子一般闪闪反光,映射着相互交错的最美丽的色彩,而南边的山脉向上高耸,就像一面钢青色的墙。

那些从8号营地出逃的狡诈的山地人每天夜里都被捆绑起来,睡在一条用来盖玉米袋子的厚厚的毡毯之下,因为我们无法信任他们。要是他们什么时候再次试图溜走的话,我们一点儿也不会感到吃惊。现在他们的头领热切地乞求我批准放他回家,由于我们不再需要他了,我便同意了他的请求。我担心他无法孤身进行如此长距离的旅行,但他告诉我说,他打算去找他所认识的一些在阿尔卡塔格北面山侧淘金的采矿人。我给了他一些钱,还有足够吃两个星期的面包和面粉,除此之外又送给他一头驴子来驮这些物品,他对此十分满意。剩下的那些山地人愿意随同我们一路前往柴达木,然后他们计划从那里翻越祁曼

● 从南面所见的阿尔卡塔格东段的一部分　　**637**

塔格山(Chimen-tagh)或博卡利克山(Bokalik)回家。由于在过去的几天里他们的行为都无可指摘,他们被解除了夜晚的束缚,而今后也被允许可以安稳地睡觉。

8月27日,当我们沿着湖的北岸继续我们的行程时,那个落单的山地人离开了,他把驴子赶在身前,转身沿着我们来时的行迹往回走。我为这个可怜的家伙要完全孤身一人行走这么漫长的路而真心感到遗憾,可他却只因为终于可以离开而兴高采烈。他曾经设计欺骗我们,却落入自己设下的陷阱之中——要欺骗我们抢夺我们的钱财可并不像他所想象的那么容易。

那峰生病的骆驼现在已经恢复得很好,它圆满地完成了这一天的行程。

地面对于牲畜来说利于行走,因为我们紧贴着湖边行进,这样便彻底脱离了那些永远起起伏伏的山丘,而走在那样的山丘上极易感到疲劳。绿色的粘板岩质岩石以尚可容忍的陡峭程度向下面的湖倾斜,向湖中伸展进去一段可观的距离。湖岸地带的宽度总在变化,不过总的来说是狭窄的。地面很硬,被小水流切割成一小块一小块的。湖水极清澈,不过这却是个咸水湖,到正午时分,水温是41℉(5℃)。白色浮滓所形成的一道窄窄的边和棕色的腐烂的水草混合在一起,随着不断拍打湖岸的水浪而翻滚。我们所观察到的活物只有鹈鸰和苍蝇。东面和西面的景色都十分壮丽——湖岸蜿蜒曲折,与山交相辉映,展示出令人心驰神迷的色彩交错的效果,湖面涟漪微动,令纯蓝的苍穹中的一切都呈现出弓形。

这个湖泊就像我们之后遇到的所有湖泊一样又窄又长,该形状的形成明显是由于其南北两面的山脉都是纬度方向的。我们向东走得越远,湖岸的轮廓就越呈现出锯齿形,越显得不规则。在某些地方我们穿过一些小型潟湖,其周围的土地松软而泥泞。湖泊的尽头是一条小溪,在到达其终点之前不久,我们还要先翻越一组低矮的山丘。随后我们遇到了一条颜色略微发黄又发红的小溪,它穿过一个拥有无数水湾的三角洲以及另外几个较大的三角洲,然后注入湖泊尽头的那道溪流。

溪水的左边(我们是朝着东南方向骑行)临着发红的黄土所构成的山丘,山丘形状浑圆,寸草不生。但脚下的地面很快变得松软,以至于背负着行装的牲畜几乎都无法抬足前行,因此,我们转而取道一条峡谷支脉来避免在这里停滞。峡谷将我们引向了一个分水岭,在其另一边,所有的排水水道都流向东面。在此处,我们又遭到了已成为惯例的下午风暴的袭击,风暴持续了一个小时。

整整一天,在我们的左边——也就是在北面,都是阿尔卡塔格的横岭,所有横岭上都没有一点儿积雪,但是从我们建在一座低矮山丘的被遮蔽的那一侧的13号营地可以看到,其他每一座山的山顶都耸立着闪闪发光的白色双峰。

我们现在所穿过的地区有大量的野驴,但它们都与我们保持着遥远的距离,使得任何试图射中它们的开火都会以徒劳无功而告终。可是约尔达西三世却并不这么想,它飞奔过去追赶野驴,并且从逼迫它们奔逃的行为里获得了无穷无尽的乐趣。它一次又一次地重复着这演习,每一次追逐完毕回到旅行队伍里的时候,它都伸着舌头气喘吁吁。它见到野驴群时所表现出的那副模样可真是滑稽可笑:它的耳朵支棱起来,眼睛里闪闪放光,先是蹲坐下来一动不动,目不转睛地盯着它们,接着慢慢地暗暗跟上追踪它们一会儿,最后则用尽全力像离弦的箭一样开始飞奔。但是,那些害羞的动物甚至在还没有看到狗的踪影的时候就已经以风的速度疾跑而去,仅仅用几分钟时间就足以将追踪者远远甩到身后。但约尔达西三世却未从失败的经历中获得智慧,只要一看到另一群野驴,它就又会跑过去,完全徒劳无益地把自己累个筋疲力尽。

当我们快要到达计划中扎营过夜的地点时,狗丢了。我想既然它累坏了,可能落在了后面和骆驼队在一起,可是当骆驼队到达营地时,里面却没有它的踪影。人们最后看到它的时候,它紧跟在一群野驴后面,消失在我们行进路线右侧的山丛之中。我担心它追得太远无法跟上旅行队伍的行迹,以至于走上了过远的歧路。我派了一个伙计返回最后看到狗的地方,在那里,我们还留下了一头完全筋疲力尽的驴子。但那个伙计回来后说,并没有看到狗留下的任何踪迹,而驴子也被他留在原地等死。不过两匹同样耗尽了力气的马被带回了营地,而骆驼最能忍受路途中的辛劳。

黄昏又一次降临了,我喝了茶,吃过面包和米糊,然后吸了一两烟斗的烟,同时整理着白天在途中所记下的笔记。在躺下来睡觉的时候,我感到非常孤独,因为没有了约尔达西三世的陪伴,它是我最好的伙伴,总是在我身边与我同吃同睡。但是到了凌晨3点钟时,我被推挤着自己床铺的什么东西给弄醒了,眼前出现的居然就是"他阁下",它摇着尾巴舔着我的脸,表现出真正的欣喜若狂。这可怜的小畜整个下午和晚上都没歇脚地到处寻找我们。事实上,它太累了,累到都已经吃不下东西,只是深深地吁了一口气,便立刻在它惯常睡觉的地方蜷起身来。

8月28日。地势相当平坦,除了两匹生病的马之外,其他牲畜都行进得很好。南山山脉现在清晰可见,其雪线的高度比阿尔卡塔格要低。这天我们翻越了另一个较低的山口。我们前一天所翻过的那道分水岭因此一定并不是很重要,特别是我们在这天中大部分时候都在沿其前进的一条以错综复杂的方式蜿蜒流淌的小溪从北边弯过了这分水岭。不过现在所有的排水水道都明确地流向了东面,然后在一个微型的淡水湖中交汇。山口的东边延展出一条又宽又浅的山谷,从表面看来是水平的,实际上却有一个斜坡,而一个干涸的深深的水道的存在证明了这一点。

这一带生长着大量的草,因此也有很多野驴。一头单独的野驴在近两个小时内都走在我们旅行队伍的前方,却一直和我们保持着相当长的距离。它是只美丽的动物,身上布满褐色和灰黄色的条纹。它时而小跑时而疾奔,小尾巴直挺挺地戳在身后,却始终骄傲地扬着脑袋,它就是警觉的力量的化身。它不时停下脚步,转过身盯着我们看,并且发出一种古怪的叫声,介于马嘶和驴叫之间。可是还没等我们靠近,它就再一次跑开了,如此这般一回又一回,仿佛它想要为我们引路。随后,我们的另一只多毛的大狗约尔巴什开始追逐它。奇怪的是,这头野驴一点儿也没有受惊,反而在一看到大狗的瞬间就停了下来。约尔巴什倒是突然被吓了一跳,纹丝不动地立在原地。这似乎令野驴感到很有趣,它鼓起勇气,直直地朝着约尔巴什冲过来。现在轮到约尔巴什逃跑了,而野驴则飞奔回旅行队伍的前方,尾巴垂在腿间。

地面仍保持着异乎寻常的平坦,的确,在我们的两边有许多低矮的山丘,但它们要么是身后山脉的衍生,要么单独孤立地立在那里。1点30分的时候,惯例一般的风暴又向我们袭来——它坚持不变地每天差不多都在同一时间到来，就好像其出发的钟点是被用钟表设定好了一样。

我们最终被不远处的几座青山所吸引而转向了东南方向。在那里我们又看到了另一个小湖，许多条细小的溪流倾空自己注入其中。我们在行进了16.5英里之后，停在了这个湖的南岸。

湖里的水只是略微含盐，但其味道却极其不佳，因此我们无法饮用。斯拉木巴依试图追踪一头野驴，却以失败告终。黄昏清朗而寂静，没有一丝声响传入我们孤独的营地。我们独自置身于西藏无尽的旷野里。

第
七
十
八
章

# 野　驴

　　8月29日。在翻越了紧邻湖泊东岸的几座山丘，又跨过了一条清澈明亮的小溪之后，我们走进一个像水槽一样的宽阔山谷，谷底铺着坚硬的砾石，因此对牲畜来说会很好走。这样，湖泊就到了我们左边，注入其中的那条溪流在其西端形成了一个广阔的三角洲，在此之后，湖泊就隐入一座低矮而浑圆的山脊背后。在我们的右边是另一座与之类似的山脊，在其上方，南山山脉的巨大雪峰在远处闪闪发光。

　　在山脊之间的洼地里有几丛稀疏的牧草，在那里我们惊了一头野驴。它照常隔着一小段距离跑在旅行队伍之前，被狗追逐着，却并不太理会它们。每次停下来的时候，它都会带着高度的关注与极大的好奇观察着旅行队伍，它的耳朵竖起，鼻孔扩张开来，脑袋也高高扬起。斯拉木巴依通过悄悄潜下两座山丘之间的一条沟壑而接近它，设法将其纳入射程范围。他朝野驴开了两枪，但这动物所做的不过只是跑开了几步而已，它仅仅用力吸了吸风，然后又继续好奇而疑惑地盯着我们。

　　第三枪开过之后，它转身向东慢慢小跑，但已经瘸得相当厉害了。当我们追踪它的足迹时，发现上面滴洒着血，很明显这头野驴受伤了。

既然如此,我们必须不惜一切代价得到它的皮。我们现在以野驴为向导,但它却把我们带到了比我们愿意前往之处更北的地方。它中弹的部位是右后腿,只能无力地把这条腿拖在身后,可是它出发时已领先我们许多。

斯拉木巴依和帕皮巴依的马匹在这样的地面条件下以所能达到的最大速度追逐着受伤的野驴,同时我和伊明·米尔扎以正常速度跟在后面。这时野驴停下来休息,当我们到达它休息的地点时,发现了一大摊血迹。现在它已经坚持不了太长时间了,但它已经让我们追了整整两个小时。最后,它生出了一个不合时宜的念头,即放弃好走的山谷转而试图爬上左边山丘的侧面。

此时我们经过另一个小型盐湖,位于我们右边,而到达山脊顶端的时候,我们再次看到我们曾沿其南岸行进的那个大湖的东端。随后,在翻过了几座更加缓和但是地面松软易引起疲劳的山丘之后,我们进入一个小山口。山口向着东北方向的下山之路十分陡峭,但其下面却是一个弯曲平坦的石头河床(山脚下的一个斜坡),溪水在石头河床上流淌,分成好几条支流朝着湖流去。

在小河的两股支流之间湿润的沙质地带上,野驴终于倒下了。斯拉木巴依和帕皮巴依距离它已经很近了,他们立即跳下马来,绑住了它的两条前腿。这生物仍然以最自然的姿势生气勃勃地趴在那里,不带一丝惧意地凝视着我们。它时不时努力站立起来,挣扎着前进一两步,

● 一头受伤的野驴

**643**

但很快又再次轰然倒下。它伤在了右后腿蹄踵之上的地方，从血肉模糊的伤口处可以看见一部分骨头。这头野驴是此种动物中的一个绝佳样本，它是雄性的，身体状况良好。很明显，它是我们之前在路上遇到过的5头野驴中的哨兵。它的好奇心以及保护同伴的欲望令它有些行为过分，从而把自己引入了危险之中。它的牙齿表明其年龄大概是9岁。

总的来说，野驴和骡子高度相似。换句话说，它介乎于马和驴子之间，不过与后者而非前者更为接近。其耳朵比马耳长却比驴耳要短，尾巴很像驴子的尾巴，只在最下面即底端生有毛发。它稀疏的黑色鬃毛也类似于驴鬃，只是比较短（大约4英寸长），而且又硬又直地竖立着，鬃毛沿着脊柱一路向下，形成了一道黑线，最后终结在尾巴里。这动物背部的颜色是有些发红的棕色，到肋骨与身侧处色彩逐渐变淡变白，身子下面则完全是白色的。它的鼻子是灰色的，耳朵颜色较深，不过耳朵里面为白色。驴腿从上部到蹄子处颜色渐渐变白。驴蹄很强壮，不过并不是十分坚硬，蹄子的大小与马蹄差不多。它的眼睛是棕色的，瞳孔又大又黑，其形状与外观和马以及家养的驴子相似。其胸部很宽阔，发育得很强壮，以容纳那一对强有力的肺，颈部也结实而强健，不过还是其后腿上的肌肉更为粗厚与有力，很适于快速奔跑。它的鼻孔比马鼻孔要大得多，当这头受伤的野驴用力嗅着同伴的踪迹与打响鼻以及发出刺耳的尖叫和嘶鸣的时候，它的鼻孔会扩张成为两个巨大的孔洞，几乎快要直直地向前伸出去，鼻孔周围布满了紧绷的刚劲的肌肉。简而言之，这野驴的鼻孔构造与其肺部比例相称，整个呼吸器官都使它特别适于在其所生活的空气高度稀薄的地区生存。因此，当波斯人要用家养的驴子在山地地区运输货物时，他们会割开驴鼻孔，这一行为真的是遵从了大自然的规律。经验告诉他们，通过这种方式，牲畜能够更加顺畅地呼吸。

如果被允许使用这种形容的话，我会说：我们的这头野驴比起家养的驴子来，更明显地长着一个罗马人式的高梁鹰钩鼻，也就是说，其侧脸的轮廓形成了更加强烈的向外突出的曲线。它的眼睛被眉毛和睫毛很好地保护起来，眼中的神情温和而平静。从它的上唇边缘经脊柱到其尾巴根，长度为7英尺7英寸。从后腿之后量，其腰身周长为 4 英尺 10 英寸;而从后腿之前量,其腰身周长为 5 英尺 3 英寸。从紧贴耳后处量,其颈部周长为 31.5 英寸;而从紧贴耳前处量,其颈部周长为 35 英寸。从眼部位置测量,其头部周长为 33.75 英寸;而从鼻部位置测量,其头部周长为 18.5 英寸。其头顶到上唇边缘的距离为 25.5 英寸。

当我为其做测量和画速写草图的时候,这头野驴完全安静不动地伏在那里,看起来似乎感觉不到伤口的疼痛,而那伤口已经凝血了。它完全无所畏惧,甚至于当我敲击它的鼻子的时候都没有表现出厌恶。在我完成了所要做的工作之后,这美丽的生物被小心而有技巧地刺入精确一刀,从而结束了生命。然后伙计们开始剥它的皮,为了不损坏这张皮费了很大的劲儿,随后驴皮被铺开在地面上风干。驴肉最好的部分得到了处理,剩下的部分就被留在了原地,而狗美餐了一顿肉屑与下水。

这天我们行进了 15.5 英里,然后在一座山丘脚下建起了 15 号营地。由于伙计们如此辛苦地去追捕野驴以及给它剥皮,也由于我们的牲畜体力消耗极大,第二天就被用来休整,而这天恰好是星期天。

风暴自西而来! 不,它没忘记我们——根本就没忘。1 点 30 分的时候,它带着在之前的每一天中所展现出的一贯无误的确定性再次降临,而且一场遮天蔽日的暴雪尾随其而至。暴风雪过后的下午,天空明朗灿烂。落日的景象十分壮丽,西边的山丘和山脉仅剩轮廓,宛如墨黑的剪影,而东边的山丘和山脉则沐浴在一片鲜明的红色与黄色之中。

在第二天,即 8 月 30 日,每个人都抓住机会尽可能地补足睡眠,而旅行队伍中的牲畜则于此时徜徉在山丘上啃草。我进行了一次远足,前往营地西面的一个湖泊。这一地区排水要道中的水注入了一个小型潟湖之中,再从那里通过许多小水渠流进湖里。湖水尽管清澈,却非常咸,甚至手指放在里面都会产生蜇刺感。

湖岸附近有大量白色水鸥,它们冲着水浪俯冲,而水浪则朝着它们卷起。地面覆盖着细小的砾石和粗砂粒,它们来自于遍地可见的那种绿色粘板岩。在湖面现有的水平线以上六七英尺的地方,我观察到另一条湖岸线,不过我不能确定其存在究竟是因为夏季洪水的

645

● 来自藏北的一只水鸥

　　　　　　　　● 15号营地的大盐湖（从东岸看见的景致）

注入而带来的水平面升高，还是仅仅由于水浪的拍击所造成。在拥有了观测湖泊的全景视角之后，我看到水浪既高又强有力，它们翻腾着浪花从西面滚涌而来，拍击湖岸时发出钟鸣一般和谐而规律的声音。下午3点钟时，水温为55.9℉（13.3℃），而气温则为52.3℉（11.3℃）。夹在两座山脊分支中间的湖面基本上与15号营地的高度相同，为海拔16195英尺。

为了叙述清楚，我决定为这些湖泊编上号码，因此，我刚刚所提到的这个湖就是5号湖泊。❶

8月31日。在东边紧邻营地的地方，我们发现了一个极小的淡水湖，湖水源自于阿尔卡塔格的冰川洪水。在经过位于我们左侧的暗色山脉中的一座低矮的山脊之后，我们转向东南东方向，并穿过一片起伏的草地。随后我们进入另一条纬度方向的山谷，谷中的水极少，但草长得还说得过去。在那里，我们观察到了大量的野驴、羚羊以及野兔。走过8号湖泊之后，我们翻越了另一座雄伟的分水岭，在其另一边（东

● 15号营地的落日

---

❶　许多这样的小湖泊并没有在地图上标记出来，地图附于本卷书的末尾。——原注
　　此版不附此地图。——本版编辑注

边），所有水道都把水排入9号湖泊。这是一个独立的中央盆地，被一些大湖所环绕，这些湖里的水来自阿尔卡塔格与南山山脉上融化的雪水。在这天里，我们没有看到阿尔卡塔格，它被隐藏在自己的外围山脉之后，但其对应山脉上的雪峰也常常向我们投下炫目的光辉。而我们前进得如此之慢，似乎都没有向其靠近一些。从山脉中流下一条比较大的河，河水注入10号湖泊之中。我们在距离10号湖泊不远的一处泉边建起营地，在15号营地与16号营地之间，我们总共行进了18.5英里的路程。

在营地的东南东方向，有一座雄伟的山峰，上面覆盖着大片大片面积辽阔的白雪，其间有一些小型冰川。我们同样看到在西面也高高耸立着许多座山峰。

由于我们行走其上的地面很平坦，也由于牧草尽管相对缺乏却仍然存在，旅行队伍中的牲畜可以状态良好地坚持下来，虽然我们已经损失了好几头驴子。

9月1日。一开始，我们越过一道低矮而平坦的山脊，其地面十分坚硬，如果不是被一种小型啮齿动物糟蹋成了兔子窝一般的蜂窝状，这里的地面条件对于牲畜来说将会是第一等适于行走的。我们看到一些这种小动物从它们的洞口跳入蹿出，而这样的洞使得马匹步履蹒跚，蹄子底下不断趔趄。

在我的地图上，我使用字母表中的字母来区分那些从两侧俯瞰着我们的行进路线的高耸而巨大的山峰，并且以一系列从各个角度所确定的方位来决定其位置。今天，就在这样的一座山峰之下，绿色粘板岩突兀地终止了。在接下来的一段路中，地面上点缀着凝灰岩块，大小约为2立方英尺，其石质与我们以前曾遇到过的那些相同。岩石之间的地面上则什么都不生长。我们频繁地看到远处有一群群五六只聚集在一起的羚羊——这种动物长着又长又窄的小竖琴形状的角，被称为藏羚羊。尽管斯拉木巴依尽了最大的努力去尝试，却从来也没能成功地接近它们到将其纳入射程范围的地步。它们小心谨慎地盯着我们看，然后迅捷而灵敏地跳跃着消失在荒凉的山丘背后。

在被白雪覆盖的山峰的那一边，我们再次找到了一些紧密地生长在一起的纤细的牧草。地面密布着星星点点的棕色小点子，那是野牦牛的粪便,数量相当多。在行进过程中,伙计们总会在骆驼的挽具上拴两三个空袋子,途中他们会往袋中装满这种极佳的燃料。感谢这利于行走的土地,我们这天在至少完成了20.5英里的路程之后才停下来在17号营地休息。

9月2日。我们在离南山山脉很近的地方绕其而行,并且发现了两三个新的湖泊。尽管地面上点缀着绿色粘板岩与黑色凝灰岩的碎片,却看不到裸露的岩石。我们发现一些出没于此的动物,包括一些羚羊、一只狐狸以及若干燕子与云雀,不过我们这天最有趣的发现,还是有人曾经在我们之前到过这里。在某一点有南山山脉的一个界限分明的山坳,穿过它之后出现了一个显眼的圆形山顶,上面覆盖着白雪。在山的左边,有一个显而易辨的可以很容易从那里翻越山脉的山口。

就在我们刚刚到达这标志明显的地貌的对面时,帕皮巴依就骑马来到我面前,说他再次认出了这个地点,这就是邦瓦洛图拉(邦瓦洛)与奥尔良的亨利王子的旅行队伍翻越山脉时所经过的山口。

我们继续向前走,下山后进入另一条又宽又浅的山谷,里面有几个小湖和一些沼泽。据我估计,我们离那些著名的法国旅行家所走过的路线应该并不远。由于邦瓦洛的地图就在我的口袋里,我想我应该能够辨认出一些更显著的地理特征。现在,我终于理解了为什么地图上用来表示邦瓦洛所走路线的红线在这一点出现了转向。不过,邦瓦洛的地图中的细节标记并不充足,但毫无疑问,他的地图上的"满穹"对应着我的地图上的山峰 D,而他的地图上的"Ruysbruk 火山"则只是那些黑色的凝灰岩山丘,其断片在我们四周到处可见。我之前所提到的那些沼泽和湖泊被他命名为"沼泽与冻湖"。

骆驼队走错了方向,他们向着东北方而去,于是我派帕皮巴依去追他们,让他们转向南方,即马队前进的方向。在我们顺其穿行的宽阔山谷之中,一个伙计有了新发现,从而决定性地证明了我们的路线和邦瓦洛与奥尔良的亨利王子的路线恰恰在这一点相交。他发现了陈旧的已变色的骆驼粪便以及两三片白色毡毯,这种毡毯是铺在骆驼背上用以防止骆驼背被运货箱子磨破的。我们把这些东西拿给帕皮巴依看,他断言这是产自于卡克里克(今若羌)的毡毯,并且还补充说,那些法国旅行家的的确确曾在那个地方购买过装备和供给品。他还回忆起,就在

649

他们爬过山口之前,确实曾经在那个伙计发现毡毯片的地方扎过营。对我来说,这真是个异常令人欣喜的发现,因为这使我能够更加精确地确定我与法国探险家的路线在哪里交错。

　　在行进了17.5英里之后,我们在14号湖泊旁边建起了18号营地,营地所在位置海拔高度为16750英尺。在东南东方向,耸立着一簇金字塔形状的山峰和冰川,伙计们很担心它们会挡住我们前进的路。我们可怜的牲畜们状态十分糟糕,已经有一匹马被遗弃在路上,另外还有两匹由于太过疲惫而被卸去了负荷并与驴子一起行进。事实上,其中的一匹又被留在了18号营地。

　　黄昏过去,夜晚到来,却仍不见帕皮巴依的踪影,我们开始为骆驼队而担心。我明白,我们必须下定决心牺牲一天,将9月3日用来休息。走错路的骆驼队直到第二天早晨才出现,他们被迫将一匹马和一头驴丢弃在途中。有一只山羊也奄奄一息了,我们便将其宰杀。骆驼和其他牲畜健康状况依然良好,它们被松开缰绳放出去吃草。

　　一大早,斯拉木巴依看到了一头母野牦牛,其脚边还跟着两头小牦

　　　　　　　　　　　　　　　　　　　● 从18号营地向西看见的景致

牛,它们正在湖的另一边吃草。他拿了一支来福枪,跨上马背出发前往那边,以尝试冲它发一枪。他于中午时分回来,得意扬扬地告诉我们,他已经冲着野牦牛轰了几发子弹,其中的一颗从其脊柱之下穿过。他把马拴在了一段距离之外,自己则偷偷摸摸地步行接近猎物。毫无经验的小牦牛完全没有意识到危险的临近,它们的母亲跑过来警告它们,自己却轻易地沦为了牺牲品。不过它刚一倒下,小牦牛就立即逃到了距它们最近的山丘背后。

第
七
十
九
章

# 猎获野牦牛

　　刚一到下午,我就出发前往死牦牛那里去,意在对其进行测量并绘制速写草图。但是它已经充气了,变得像一只鼓一般坚硬,同时,某种液体混合着血液从它嘴里淌出,发出汨汨的声响。从它上唇的内角到尾巴根部长度为8英尺,从牛角底部到上唇的头部长度为22.5英寸,口鼻部的周长为17.5英寸,从眼部之上测量的头部周长是29.5英寸,从耳后测量的颈部周长为28英寸。它到肩部的高度为4英尺6英寸,到腰部(它的腿笔直地伸展着)的高度为4英尺5英寸,包括尖端丛毛在内的尾巴长度是31.5英寸。牛角的长度从外侧测量为17英寸,而从内侧测量为15.75英寸,牛角底部的周长是7.5英寸。由于尸体已然膨胀,我没有测量其腰身的尺寸。它的颜色如煤一般黑,尾巴尖端的丛毛茂密,蹄子十分有力,乳房未得到完全发育,但乳头却很大。毛茸茸的牛毛形成的又厚又黑的须边像帷帐一般从这动物的身侧垂下来,但其腹部下面却没有毛。它的下颌上装备了8颗倾斜的门牙,上颌上则有一块很宽的角质茧皮,舌头上盖了一层厚厚的角质的倒钩,钩子向后指向喉咙的方向。牦牛用这些倒钩来摘起草、地衣和苔藓,在吃草的时候,其舌头所发挥的作用比牙齿和上颌的作用还大。

● 一头死去的雌性野牦牛

由于发现这附近有无数的牦牛，我们决定不剥这头牛的皮，而是等我们击倒另一头身体比例更好的牦牛再说。不过，伙计们还是用斧子砍下了牛肉的最好部分以及牛舌。这条牛舌供我吃了好几顿早餐，其味道非常不错。但牦牛肉却硬得嚼不动，实在是很糟糕的食材，必须要来来回回煮好几遍才能有那么点变软的意思，不过这也是空气稀薄所造成的，因为在这里水的沸点是180℉（82.2℃）。我们还割下了牛尾巴以及长长的牛毛须边，伙计们将其编入绳子和索子里面，他们还进一步把一些牛毛安置在他们帽子前部的下面，用来遮住眼睛使其免受阳光的照射。

正当我们忙于处理死牦牛的时候，另一头母牦牛接近到距离我们150码的地方，然后停下来惊愕地盯着我们。我们的狗丝毫不顾捕猎运动的高难技巧，直接把它给追跑了，它匆匆地一路小跑翻过了山丘。

快到傍晚的时候，我们看到一头体格健壮的牦牛独自吃着草，距离马匹很近，但它好像对此毫不在意。做猎人的欲望现在已被强烈勾起的斯拉木巴依像只迎风的豹子一般悄无声息地向其渐渐靠近，他顺利到达了可将其纳入射程范围的地方，然后开始朝其开火。牦牛倒在了第三发子弹之下，但就在下一刻，它又站起身来，并且疯狂地朝着干扰

653

了它的平静的人猛冲过来。它又中了一枪,这令它原地打转,却丝毫没让它有所畏惧,它转身继续猛冲。尽管摔倒了好几次,但它总是挣扎着再次站起,直至倒在第七发子弹之下,躺在那里再也不动了。于是斯拉木巴依以凯旋者的姿态返回营地,宣称再也不可能得到比这更完美的牛皮了。这头公牛就倒在我所计划的次日的行进路线上,因此,我们决定当经过那里的时候留下一些伙计来给它剥皮,同时还要留下一峰骆驼用来把牛皮驮到下一个营地去,其所在之处应该就在往东不太远的地方。

9月4日,我们再次开拔。斯拉木巴依精确地记得他在哪里杀死了牦牛,那地点位于两座山丘之间,因此,你可以想象,当我们到达那里却发现公牛已经凭空消失了的时候会是多么地惊愕!

由于太过震惊,斯拉木巴依很长时间都说不出一个字来。当他终于能够开口说话的时候,他赌咒发誓说前一天傍晚自己离开时那牦牛千真万确已经死了。但松软潮湿的地面泄露了真相,即它已经恢复过来,尽管伤痕累累却挣扎着逃走了。不过留下的踪迹似乎表示出它每隔上几码就会跌倒一次,就这样跌倒了一回又一回。不过,它还是不可能走得太远。

顺其足迹,我们很快就从山丘顶上看到了它的身影。它正安静地沿着泉和水池的边缘前行,边走边用力嗅着地面。当我们接近到离它100码之内的距离时,它转过身来,立在那里看着我们,脑袋高高地扬起来。斯拉木巴依又一枪打中了它,这极大地激怒了那畜生,它怒不可遏地朝着我们疯狂冲了过来。我们认为最好还是赶快撤退,可是还没等我们驾着受了惊的马调过头来,它已经冲到了面前。不过幸运的是,它在距离我们20步远的地方停下脚步。它呼哧呼哧地疯狂喘气,两眼充满野性地转动着,同时喷着鼻息,狂怒地深深吸气,用鼻子和牛角扬起沙子,直到把自己彻底包裹在一团沙云之中。它还暴怒地用尾巴抽打身体两侧。

在距离它30步的地方,斯拉木巴依再次击中了牦牛,使它原地转了好几圈。约尔达西三世朝它冲了过去,可是当发疯的公牛低下牛角扬起尾巴上前迎战的时候,约尔达西三世立刻就掉头逃跑了。第十发子弹打废了公牛的左腿,当它在绝望中疯狂地又旋转两三圈时,这条腿只能松松地挂在身上。最后，斯拉木巴依在距离更近的地方打了第十一枪，子弹穿过公牛肩部后嵌入一处更关键的部位，从而终于终结了这动物的痛苦，它朝自己的右侧倒了下去。当我们靠近的时候，它做了最后一次试图站起的努力，但是没能成功。在这之后不久它就十分平静地死去了，没有做任何垂死的挣扎。

我从不同的角度为它画了好几幅速写草图，这是只体格健壮优美的动物。它的门牙已经磨得差不多和齿龈一样平了，说明这是头老公牛，那两颗最外面的门牙都已经嵌进肉里面了。它的角的内侧同样也略微裂开，这是另一个已上岁数的标志。山地人伊斯坎德尔曾多次参与过捕猎牦牛，他断言这头公牛有20岁了。据他说，野牦牛的平均寿命比家养牦牛长6年，而对于家养牦牛而言，20岁被认为已是老态龙钟的年纪。

我为这动物做了测量，得到的数据如下：从上唇边缘到尾巴根部的长度为10英尺8英寸，包括尖端丛毛在内的尾巴长度是3英尺6英寸，尾巴根部的周长为7.5英寸。从牛角底部到上唇的头部长度为28.5英寸，两眼间距为17英寸。牛角的长度从外侧测量为30.5英寸，而从内

● 一头倒下的雄性野牦牛

侧测量为19.5英寸,从这一点可以看出,牛角弯曲得很厉害。牛角底部的周长是14英寸。从口鼻部测量的头部周长为24英寸,从眼部之上测量的头部周长则为44.25英寸,从耳后测量的颈部周长为4英尺1英寸,从紧贴前腿后部的地方测量的腰身周长为8英尺0.5英寸。其身侧的牛毛长度是25.5英寸,前腿之上的毛长21.25英寸,而颌下的牛毛长度是4～6英寸。前蹄的周长为16.5英寸,其对角线的直径为4.5英寸。

它身上的牛毛很棒,又厚又平滑。由于身侧所垂下的长长的须边非常厚,它们实际上形成了一个可供这动物卧在上面的垫子——这为其提供了充分的保护,甚至足以抵御西藏冬天的严酷气候。牛毛的颜色是漆黑的,不过在特定光线下,毛的顶部呈现出某种偏深棕的色彩,沿脊椎这一路的毛又长又黑。它的眼睛是棕色的,而瞳孔为黑色,很小,其主要开口轴的长度还不到1.75英寸。它眼睛周围的毛发是最稀疏的,就好像天鹅绒一般纤细。但另一方面,其脸颊和两角之间却毛发丛生,十分浓密,鼻子上的毛有些偏于灰色。

它的舌头上装备了又硬又尖的倒钩,无论是舌头还是齿龈都像家养牦牛一样呈现出略带灰蓝的颜色。其口鼻部十分宽阔,鼻孔很宽,形状扁平,以一个略微倾斜的角度向上翻。牛角异常坚固有力,由于带着锐利的尖端,它们看起来令人畏惧。当这动物站立着的时候,那些浓密的毛茸茸的牛毛会扫到地面,而正如我已说过的那样,当它卧下来的时候,牛毛会为它铺一个柔软的垫子。牛尾很大,牛蹄既强壮又有力,这样才能在粗糙多石的地面上承载牛身的巨大重量。牛蹄上的两个蹄甲可以被轻易地拉到一起,如此可以在其攀爬滑溜溜的岩石或是穿越由松散的山岩碎屑堆成的山坡之时增加在地面上的抓力。其正蹄的后边还有一对很大的副蹄,但它们并不着地。

当牦牛直立起来的时候,肩部明显形成一个坚实的拱形,颈部从那里急剧下降,直至头部降到距离地面很近的地方。牦牛的背部也以类似的方式朝着尾巴的根部倾斜着,只不过坡度没有那么突兀,骨盆部分的高度比肩部的高度要矮得多。很明显,这样一只如我所描述的这般尺寸庞大的动物一定极沉。专门有一个人一直举着斯拉木巴依的公野牦牛的头,一共需要4个伙计抬着,才把剥下的皮载到了跪着的骆驼的背上。不过牦牛的头仍然还连在皮上,也许最好在营地里用药物对其进行处理。

体形如此庞大的牲畜，却仅仅依靠高原地区所能够提供的那点少得可怜的草便生发出并维持着这般强大而充沛的气力，真是不可思议。要知道，冬天的时候草就会枯萎，而即使是在夏天，这里长的草也异常粗糙味苦，以至如果不是被极度的饥饿所驱使的话，我们旅行队伍中的牲畜是绝不会以它们为食的。

当这头牦牛被追击的时候，它以一种沉重而笨拙的方式匆匆小跑，却能够迅速地在地面移动。它奔跑时尾巴垂下来，脑袋却比平常扬得更高，同时那些长长的牛毛拖在地面上。与其追捕者比起来，牦牛总是占有一点儿优势：它永远不会气短。当觉察到有危险临近的时候，它便开始飞奔，脑袋垂下来而尾巴却扬到空中。当受到子弹攻击的时候它会停下脚步，而当受伤之后，它则会向其追捕者发难。因此，谨慎的做法是时时保持高度警觉。

伊斯坎德尔和其他山地人告诉我们，在且末、婼羌以及阿羌（这些地点均位于昆仑山脉北麓）生活着一些猎人，他们几乎完全依靠捕猎牦牛为生。他们打猎的场所，是藏北的阿尔卡塔格山和祁曼塔格山。每一位猎手都会带两名帮手以及一头驴子来把牛皮运回家，不过，通常来说都是两个或两个以上的猎手一起合作，以便在遭到牦牛攻击的时候可以相互支援。据说，他们是技术绝佳的完美神射手，常常能一枪就击倒猎物，当然这必然是由于那第一枪就射入了心脏。他们不喜欢在距离猎物60步以外的地方射击，而射击时所瞄准的是肩部后面的一个点。如果子弹穿过骨盆区域的话，这动物在两三天之后才会死，如果打在了其他部位，牦牛基本上不会在意。瞄准其头部射击纯粹就是浪费子弹，因为没有任何子弹能穿透它前额那厚重的骨头，如果有一颗子弹恰好打在了牦牛头部，它只会摇一摇脑袋并呼哧喘气。不过打坏它的一条腿是个不错的做法，因为这样一来猎手就能够到更近的地方去发射第二发子弹，同时一旦这动物发难，伤腿也会阻碍它的行动。斯拉木巴依打了那么多枪才把我们的牦牛放倒的事实明明白白地说明了，除非击中它的某个重要器官，否则任何一发射向牦牛的子弹都不是真正有效的。我们记得，只有当第十一发子弹穿透其心脏附近时，这巨物才轰然倒下。

657

山地人猎手所使用的来福枪是在新疆的城市里制造的。这是一种又长又沉的前膛枪,带着燧发机,当射击的时候,它们被安置在叉状的羚羊角上。猎手手持他的来福枪,弯腰屈腿地蹑足潜行,富有技巧地利用每一小片掩饰物来遮掩自己,一到射程范围之内,他就会将他的来福枪的枪管支在叉状的羚羊角上,经过小心谨慎地长时间瞄准之后才会发射子弹。牦牛刚一断气就会被剥去皮。牛皮被分解成三个部分,沿着其身体两侧牛毛的上缘分别划出一道切口,第三道切口则划在腹部的中线上。最好的皮子来源于牛背部分,该处的皮子和肩顶处的皮子都被叫作"sirit",被用来制作马鞍、鞍上的肚带、马缰、皮鞭等以及比较高级的靴子。另外两部分牛皮的用途与之差不多,只是做出的东西品质没有那么好。山地人常穿的一种软靴就是用牛腿部的皮做的。牛尾巴一般作为一种宗教祭品悬挂在某些麻扎里。

　　牦牛皮被卖给且末、婼羌和阿羌的商人,他们再将其带往和阗并在那里卖给制革工匠或制鞍工匠。牦牛皮的价格被定得相当高,因为它具有超凡的强韧性和耐用性,几乎都不可能被磨坏。一头发育完全的牦牛的皮子的价格大约为17s.9d.,但母牛或小牛的牛皮价格就要低廉很多,而且通常只被分割为两部分,切割的原因仅仅是由于一头驴子无

● 雄性野牦牛（正面图）

法承载一整张皮子。

山地人将捕猎牦牛视为一项危险的追捕活动,即便是结伴捕猎也是如此,而他们的观点完全正确,因为如果这畜生发难的话,以那些猎手所处的位置以及他们所使用的蹩脚的武器,若能够侥幸逃脱实在只能称得上是万幸。而若是真的不幸被这一大团由坚硬的肌肉所组成且前面还带着尖角的巨物所撞倒,只能是死路一条。

以上所描述的就是我同这西藏荒原上的"皇家君王"遭遇的经历——这种动物激起了我们的钦佩之情,不仅是因为它那给人以深刻印象的外观,更是因为它是所有生物中唯一能够挑战地球上最高的海拔、最严酷的寒冷、最猛烈的暴风雪和雹暴而生存的动物。野牦牛对所有这些恶劣条件都浑不在意。当冰雹不断砸在背上的时候,它看起来好像还相当享受这样的感觉。当极速旋转迷住人眼的大雪把它包裹其中的时候,它仍然安静地吃着草,仿佛完全事不关己。似乎唯一能搅扰到它的镇静泰然的只有夏季的阳光。当阳光的照射使它感到过于温暖的时候,它会到离自己最近的小溪里洗个澡,然后爬上高高的山脉,置身于辽阔凉爽的雪原或冰川凹凸的孔洞中,在那些地方,它打滚或是躺在冰原那粉末般的雪粒里休息,通过这样的方式得到特别的乐趣。

第
八
十
章

# 无穷尽的湖泊

　　我们在19号营地休整了一天，从那里望着东南方向，能看见一座雄伟的耸立着尖顶的山峰，其相对高度的三分之二都覆盖着闪闪发光的白雪。这个山峰鹤立鸡群，就像一座从很远的地方就望得到的灯塔，我将其命名为"奥斯卡国王之山"。

　　营地的东边有一个大湖，湖水极苦无比，却展现出最可爱的色彩阴影，同时大群大群的水鸥在卷曲的浪花上方摇摆。湖里没有岛，但有一条注入湖中的小溪所形成的三角洲向湖里伸进去长长的一段距离。当我们沿着湖北岸行进的时候，有一群牦牛陪伴着我们超过了一个小时，不过它们很小心地一直保持处在射程范围之外。万分奇怪的是，有一条完全被踏平的小径沿着湖岸蜿蜒，似乎是被牛和骑马的人踩出来的。可是山地人断言，这是条野牦牛与野驴行走的道，而沿路的足迹和粪便证明了他们判断正确。

　　由于野牦牛在这一地区数量如此之众，而它们迟早会死亡，所以我承认自己对于迄今为止都没有遇到一具牦牛骸骨而感到十分惊异。我们第一次所见的遗骨是位于湖边的两个头骨和一些其他骨头，已经褪色了而且正在瓦解。或许当牦牛意识到死亡即将降临的时候，它会把自己藏于山里的某处偏僻的难以到达的藏身之所中，或是待在某个荒凉的湖边，在那里水浪会冲走它们的遗体。

　　在行进了19.25英里之后，我们在一些山丘的脚下停下来过夜，边上有一条位于湖泊东端的小溪。有4头野驴、1匹公马以及3匹母马整个下午都在我们营地四周逡巡，很明显它们对于我们的出现感到万分震惊。它们一圈又一圈地小跑着，步子很短但步伐轻快，脑袋扬在空中但向我们这边扭着，尾巴朝着一边飘扬。看着它们我从不感到厌倦，它们是如此美丽如此优雅的生物。

　　9月7日所走过的路程一如既往地单调。阿尔卡塔格和南山山脉之间的宽阔洼地或山谷被分成了一系列没有出水口的自给自足的湖盆地。

　　在15号湖泊的东端，我们走下一个坡度几乎难以觉察的斜坡，坡上铺满松软而潮湿的沙子，从斜坡下来就到了两个湖盆地之间的一个小小入口或是分水岭。不过接下来的一天的路就要好走得多，地面很坚硬，而那不计其数的水道规模都不大，因此我们在这一天行进了18.5英里。高海拔倒没有令牲畜们感到特别疲倦，最让我们感到糟糕的敌人其实还是风，它每天都会拜访我们，彻底吹透帐篷和皮毛，带来难以

● 从北面所见的奥斯卡国王之山

抵御的寒意。22号营地所在之处的海拔为16195英尺。

我们在9月9日创造了行进24.75英里的辉煌纪录,这是我们在西藏一日之内所行进的最长距离。我们翻越了位于16号湖泊与另一边的一个宽阔而开放的山谷之间的一座低矮的山脊,山谷将我们引向了下一个湖泊,我们在其旁边建起了23号营地。不过这样急迫地赶路使我们损失了一匹马和一头驴。为了到达所寻找的草地那里,我们常常被迫行进比计划中要长得多的距离,可是这天我们根本就没找到草地。我们仍然还有足够供牲畜吃10天的玉米,但我们要尽一切可能来保持那些最好的马匹的气力,而余下那些牲畜中的多数所剩的时日已然不多,这一点是肯定的。南山山脉中最高的地方愈来愈紧密地与冰川接合在一起,山侧被一层冰盔甲保护起来,正如慕士塔格峰的山侧一样,不过从这些山峰上并没有流出规模较大的冰溪来。

9月10日。我们向东行进——总是向东,穿过一块平坦的平原,跨过一条分裂成无数条窄水道的小溪,这条小溪流入下一个湖泊,即18号湖泊之中。我们就在这个湖边扎营,并且在那里又休整了一天,因为其周围的山丘上生长着相当多的牧草。由于此时的天气就如同冬天一般寒冷,这一天的休整显得非常适时。整整一天都又下冰雹又下雪,彻骨的寒风从四面八方吹过来。大地被笼罩在浓重的雾气里,因此周遭的环境我们一点儿都看不清。

我们清查了一下箱子里的供给品,得出的结论是今后必须要严格地节省用度。也许我们的面包、面粉和茶叶还足够维持一个月,但我们有11个人,而且根本不知道还要走多久才能到达最近的有人居住的地方。我们只剩下一只绵羊了,不过如果最糟糕的情况降临,我们就得靠吃牦牛肉来过活。距离离开最后一个有人居住的地点已经过了6个星期了,我们都十分渴望能见到人,无论他们是谁,不管他们出现在哪里。

要整天工作是不可能的。我待在帐篷里,坐在床上,裹在毛皮之中,完成了地图最后几页的绘制,又读了一会儿书。我的手指被冻得僵直而且颜色发青,因此我叫人把我的茶拿了进来,很高兴地将其倒入茶壶来加热。只有在饭后的一两个小时之内才会感到比较暖和,而在此之后,永无止境的风又会再次吹得我冷彻骨头。

我们营地附近阴沉沉的毫无生气,只有湖面上的水鸥时时发出尖叫。除了已经染上秋天的黄色的草之外,并没有什么其他植被。风在怒吼,雪粒围绕着帐篷呼啸着盘旋。水浪轻柔而单调地拍击着湖岸,而另一边的湖岸已经隐藏在漫天大雪之中,因此,我很轻易就想象到自己正站在浩瀚的大洋的边缘。噢,我是多么热切地渴望看到海啊! 尤其是现在,在我被封闭在最辽阔的大陆的最心脏地带从而距离永恒的大海千万里之遥的时候!

帐篷顶上堆积着白雪,成为灰暗孤寂的景致中最显眼之物。我们那些疲惫不堪的牲畜正在附近的山丘上啃食着稀疏的草。有一些伙计在帐篷里睡觉,其他人则围着一堆篝火坐在外面,火是以牦牛粪为燃料的,上面冒起一股黑色的浓烟。夜晚降临,它就像一个被人焦急等待的客人一般受欢迎。我再次将自己裹入床上用毛皮做成的小窝中,并且很快就暖和起来。我那轻柔的梦扬起翅膀,把我带到了地球上我最渴望前往的地方,而这种期盼一直在与日俱增。我们距离北京还是如此遥远,可我必须去那里。一旦到了那儿,我会感觉自己宛如置身家中。

9月20日。凌晨5点时,我们已经开始为出发做准备。地上到处都覆盖着白雪,雪地一直延伸至湖边。大地上只有雪,雪、雪、还是雪——除了雪之外别无所有,以至南山山脉上的冰峰已不像之前看起来那般闪光夺目。不过清晨还远没结束时,阳光已经融化了堆积在朝着南面和东南面的山坡上的大部分积雪。另一方面,山的北坡一整天都是白雪皑皑的,那里的潟湖与溪流中的冰也并没有融化。我们此时经历了迄今为止最低的气温(10.9℉,−11.7℃),而温度直到中午才有所升高,可即便在那时还是冷得严酷,原因是从西北方向吹来持续的劲风。我的双手最受罪,由于不时需要动用它们来绘制地图的草图,我无法去保护它们。

就像先前所遇到的湖泊一样,18号湖泊也是东西向的,这也是我们所遇到的规模最大的湖泊之一,整整一天我们都在它的边上行进(走了16.75英里)。我们眼前的地域是无边无际的,两边都是雄伟的青藏高原上的巍峨山脉。不规则的湖岸线被浮滓镶了一道边,浪花冲着粘板岩质的砾石翻涌,发出奇异的金属敲击般的声响,毫无疑问,这是稀薄的大气与水的高比重联合作用的结果。很容易理解,大气的极端稀薄化一定会影响到声音的声学特性。比方说,在高而偏僻之处,我们需要比平时更高声与更清晰地说话，而只有把表凑到耳朵边上的时候，我才能听到它所发出的滴答声。

到上午11点钟的时候，气温仍然只有30.9℉（-0.6℃），同时水温为45.1℉（7.3℃），比前一天下降了好几度。在这里，我们第一次发现了熊留下的踪迹，而实际上，我们一整天都在沿着它的足迹行进。除此之外，还有一只狐狸跑下来到了湖边。我们又一次跨过许多条自阿尔卡塔格流下来的溪流，它们中的大部分都形成了三角洲，或多或少已然成形，伸出长长的尖岬，一直伸到湖中。这些尖岬总是指向东方或东南方向，该特征的形成或许应归因于西风所带来的压力。

在行进过程中我们损失了一头驴子，而在扎营之后又失去了两头驴子以及一匹奶油色的马，那匹马曾为我们做出杰出的贡献。它把我所有的工具箱一路从库尔勒驮到罗布泊，从那里途经且末运到和阗，最后又从和阗运到我们现在所处位置的东方。我们那些可怜的牲畜开始显现出由艰苦的旅行所带来的可怕征兆，我们每天都要失去其中的一头，有时候还更多。它们的遗体并没有腐烂，相反，在这纯净、寒冷而稀薄的空气里，尸体只是萎缩成为干尸。现在，它们就像纪念碑一样躺在我们穿行藏北荒原所走的道上。旅途中的困难又增加了，因为草地更加鲜见，而且与我们在藏北山脉中行进的那最初几天所遇到的牧草相

　　　　　　　　　　　　● 25号营地旁的盐湖

比,这里的草的质量也更差。一个很明显的事实是,马匹与驴子并不适宜在如此高海拔的地区生存。骆驼更能忍耐旅途中的艰辛,但即使是它们也痛苦地瘦了许多。那些伙计们坚持认为,这里的草实际上对所有动物的健康都有害,可是如果情况真的如此,那么野驴和野牦牛是怎样仅仅依靠它们便茁壮成长的?

9月13日。这一天,尽管我们行进了17.5英里,却仅仅只丧失了一头驴子。湖泊东端的小河里的水到目前为止还是淡水,这要感谢那条流入其中的小溪,如此一来我们的牲畜就可以在此处饮水。上午10点钟时,这里的水温是49.1℉(9.5℃),而气温则为38.7℉(3.7℃)。随着上午时间的推移,风转向吹向西南。结果,贴着湖水南岸边缘的浮滓像一簇簇棉花一般被吹到了北岸。地面难以察觉地向着东面升起,融入一片平坦的平原,那实际上是湖盆地的一处延伸。这里沼泽般的地面对牲畜来说走得很累,不过我们很快就爬上了更高的地方,到了一片纠结在一起的低矮山丘所形成的迷宫之中。从其中一座山丘的顶部,我们拥有了一个全面的最佳视野,将我们刚刚告别的那个大湖尽收眼底。它的西端就像一条沿着遥远的地平线的模糊的线一般隐约可见,其上赫然耸立着一排覆盖着白雪的山顶。

我们穿过了另一个平坦的平原,又跨过一条小溪,而溪水同样也是流入身后的湖泊。随后我们又踏入另一个低矮的山丘所组成的迷宫,在此之后,我们到达了一个山坳,它的东边紧邻着18号湖泊的湖盆。一个小时又一个小时,我们步履沉重而缓慢地穿行于荒凉而了无生气的景色之中,周遭没有一点儿声响打破这死一般的寂静。最后,我们到了一个小小的山口,那里俯瞰着一个极小的孤立的池塘,而当我下山以后,发现帐篷已经在池塘边上搭起来了。从崎岖不平的地形,我判断出也期望着我们很快将到达一个周围区,并且接触到庞大的长江的某些源头溪和支流。

26号营地(海拔16545英尺)的所在地是我们停留过的最不适宜扎营的地点之一,这里几乎寸草不生,附近也看不到一头牦牛,在为沏茶而烧的水烧开之前,我已经被迫牺牲了两三个钉帐篷的木钉。当骆驼和最后5头驴子徐徐进入营地的时候,天已经黑了。牲畜的衰减预示着我们将被抛入一个危险的境地,类似于我在1895年穿越塔克拉玛干沙漠的那次旅行中所遭遇到的困境。

现在,我的旅行队伍也像那时一样在渐渐分解。那时候,我们总是把目光投向东方,以试图从不利的环境中寻找一些安慰,而我们现在也是这样做的。不过我们现在并没有遭受缺水的折磨,而且即使失去了所有的牲畜,我们也可以步行到达某个有人居住的地区。

第
八
十
一
章

# 西藏的暴风雪

9月14日。死亡登记簿还在变长,上面又增加了一匹马和一头驴子。一群大雁飞过我们头顶,它们飞向西北,朝着罗布泊的方向飞去——这是每年这个季节的一个奇妙景观。整整一天,我们都在沿着两座中等高度的山脊之间的一条宽阔的山谷艰苦跋涉,身边流淌着一条水晶般纯净的山间小溪。尽管地面只是逐渐地向下倾斜,牲畜们却并没有从中太过受惠,因为地面就像稀泥一样又松软又潮湿,它们每走一步,蹄子都会陷入其中。在某些地方仍然还残留着一小块一小块的积雪,而当其融化之后,也会浸入土地之中。

我期望着我们沿其前行的那条小溪是地图上所标的纳普奇台乌兰穆伦(Naptchitai-ulan-muren)河的上游水道,但是最终在前方很远的距离之外我们看到了另一个大湖。不过或许这是个淡水湖?或许河水会从它中间流过去,然后又从另一端再流出来?当湖水所覆盖的巨大区域在我们的视野里渐渐展开的时候,我的期望值升高了——湖面沿着遥远的地平线画出一道直线。我们终于到达湖边,并在其南岸的一对低矮的山丘之间建起了下一座营地(海拔15775英尺),这天我们总共行进了17.25英里。

667

我首要关心的事情是要去从湖里取来一罐水。湖水清亮而明澈，我喝了一口，味道却是苦咸的。那么这又是另一个自给自足的湖盆地，也就是说，在其东端我们还要再攀爬另一个山口！好吧，好吧，对于这种事我们也没什么可选择的。我们不可能截断现在的路而转向北方或东北方向以求快一点到达柴达木，因为阿尔卡塔格耸立在我们的路上，宛如一堵无法逾越的高墙。况且，我们的牲畜已经无法胜任真正意义上的爬山活动，它们现在最多只能翻越那些十分低矮的山丘。

　　傍晚时分，那些伙计派了代表到我这儿来，要求休息一天。有两峰骆驼和两头驴子状况十分糟糕，除非得到休整，否则它们几乎必定会在翌日毙命。

　　我们在9月16日行进的路程不少于20英里，却没有损失任何一头牲畜。湖泊伸展出一个超乎寻常的长度，我不禁开始设想，这将与前往伊塞克湖所花费的精力不相上下，而后者是几天的路程。不过我们一定是被视觉上的错觉或海市蜃楼所误导了，因为在行进了两三个小时之后，湖水两岸的那些山丘便相会到一起，在湖水的平面之上形成了一道暗色的线。毫无疑问，另一个山口在前方等待着我们。

　　这次我们沿着湖的南岸行进，并在那里发现了大量的牦牛粪以及无数足迹。我们还捡到一只牦牛角，在其尖端有明显可辨的刀割痕迹。我们同样发现了一个泥土罐子的一些碎片——另一个表明在某个时候曾经有人于我们之前到过这里的痕迹。

　　正午刚过，云朵就在我们周围紧密地聚集到了一起，同时刮起一阵猛烈的东风，在很短的时间之内，我们习以为常的暴风雪就降临了。这是自打从慕士塔格峰下来之后我所经历的最狂虐以及降水量最大的雪暴。细碎的如面粉一般的粉末状的雪形成团，紧贴着地面横扫而过，随后时不时落下阵阵冰雹，将大地完全遮盖起来。地面瞬间就变成雪白的了，事实上，坐在马鞍上的我们也都被雪盖起来了。不过，我们似乎已经离开了那个西风占据主导地位的地区，因为在最近的一两天之中，东风更加普遍。暴风雪几乎持续了两个小时，在此之后，太阳便出来照耀着大地。

　　这个新的湖泊收缩成为一条长长窄窄的小河，我们从其旁边离开，转向东南东方向，缓慢地翻过一座座低矮的山丘，向着南山山脉行进，希望能在其脚下发现一些牧草。在我们右边有一个小水池，旁边坐着一只灰色的熊，似乎正在那里沉思默想。约尔达西三世勇猛无比地冲过去向其发难，可那熊先生仿佛正从容不迫地等待着它的攻击，一看到这情形，约尔达西三世立刻掉头跑了回来，逃离的速度依然快得像是离弦的箭，与此同时，那只熊则小跑着消失在山丘之间。

　　我们找到了牧草，其中有一些质量还相当不错，至少是我们离开达赖库尔干之后所遇到的品质最佳的草，因此，我们决定为了牲畜再牺牲一天的时间。后来事实证明了这是个多么明智的选择，因为从一大早开始，冰雹、雪和风就相互斗着争夺统治权。伙计们像往常一样在火堆四周围坐成一圈，缝补着他们褴褛的衣衫以及马鞍，与此同时伊明·米尔扎则为他们大声朗读着什么。有一峰骆驼后足上的脚垫被磨伤了，因此，一个伙计用野驴的皮子给它做了一双"袜子"，并将其缝在了它的蹄子上。自此之后，那峰骆驼就行走便利了。

　　9月18日。前一天强烈的降雪令牲畜们很难再找到牧草。一头驴子被留在了营地里，此外还有两匹马已经不能工作了，于是它们与剩下的最后几头驴子走在一起，而这些幸存者中也仅仅只有一头驴子能够正常负重。余下的可以为我们提供服务的马也只有8匹，而它们全都

● 藏北，雹暴中的旅行队伍　　　　**669**

瘦骨嶙峋,憔悴不堪。现在这个旅行队伍中只有我、斯拉木巴依和帕皮巴依还骑着马,剩下的伙计都只能步行。正如我前面所提到过的,有两峰骆驼的情况不大妙,尽管其他骆驼的健康状况还相当不错。不过狗的身体非常好,它们从那些死在营地里的牲畜身上获得了大量可以食用的肥肉。

　　天气非常好,地面也很平坦,我们沿着南山山脉的山脚行进,在行进了17.5英里之后停下来在29号营地过夜。我们在此处再次休整了一天,现在最紧迫的事情是要保存牲畜的气力。大约在凌晨2点钟的时候,我被一阵带着暴雪的飓风惊醒了,它好像威胁着要把帐篷撕成碎片。当天亮时,有些地方的积雪深度已经达到了一英尺厚。这里的降水量看起来似乎要比我们已经走过的那些地方都要大得多。

　　下午5点钟的时候,我让人在地上挖了一个坑,以供我测量地面的温度。在那个钟点,气温为38.5℉(3.6℃)。在地下8.25英寸的地方温度为37.2℉(2.9℃),地下11.5英寸之处的温度为34.7℉(1.5℃),地下19.5英寸之处的温度为33.9℉(1.1℃),地下27.5英寸之处的温度为32.9℉(0.5℃),地下34.5英寸之处的温度则为32.7℉(0.4℃)。前4次测量都是在黄色的细沙里完成的,沙子铺在蓝黑色的稀泥和肥土之上,这种土壤里面有腐烂植物的大量残留。土地上面的那一层在夜里会上冻,冻到两指的宽度那么深,这使得我们在早晨的行进于某种程度上变得相对容易,但是一旦太阳升起来之后,土地总是立即就解冻了。

　　9月20日。我们行进了16英里之后到达30号营地(海拔15175英尺)。花了若干个小时来翻越一座又一座平缓的山丘,此后,我们进入一个山坳,其东边紧邻着19号湖泊。我在此处停下来做勘察以便确定应该走哪条路。位于东北方的阿尔卡塔格现在看起来比之前所见的要低,不过我们却不敢尝试让这样一支精疲力竭的旅行队伍去翻越这条山脉,特别是山地人认为要攀上山口必定会令所有的牲畜全都丧命。向东走还有另一个湖泊,还有另一个没有出水口的自给自足的盆地。难道这一串盐湖永远没有尽头?!不过有一件令人振奋的事情,即从东面下到我所置身其中的洼地的坡度比从西面爬上去的坡度要陡得多。我们似乎正在走向比先前所经过之处海拔要低一些的地方。我们还碰到了一些新的植物品种,我将其加入到我的植物标本之中。但又有一

670

头驴子死掉了,而那活着的三头看起来好像也坚持不了多长时间了。

9月21日。这天我们行进了16英里,唯一的目标就是到达20号湖泊旁。我们整整一天都沿着一条溪流的轨迹前进,它从南山山脉中流下来,注入前方的湖泊,沿途又接纳了好几条支流。这条溪流的流量是每秒45立方英尺。这天没有牲畜死去。大地仍然是寸草不生,景致单调,不过我们看到了牦牛、野驴、羚羊、熊、田鼠、乌鸦、云雀、鹤鸰、水鸥以及苍蝇。在溪流流入湖泊之处形成了一个沉积成的广阔三角洲。这个湖泊也像大海一样,大到我们都望不见其东端。在远景中,两道雄伟的山峦渐渐地相互靠近,但它们之间始终都存在一条缺口。湖泊先是向着西北方向弯去,随后又弯向了南方,如此一来便似乎阻挡在我们行进的前路上。我们不知道应当沿着哪一边的湖岸走,是北岸还是南岸,不过最后我们还是选择了前者,而这一决定令我们多花了两天时间。

我们在湖边一个长有还不错的牧草的地方扎营(31号营地)安顿下来。这湖看起来很深,因为湖水呈现出蓝黑色,而且其西岸的山丘十分陡峭地插向湖边。这又是一个没有出水口的自给自足的湖泊,它的

● 从20号湖泊向东看(在31—34号营地所在的湖岸) **671**

● 从20号湖泊朝东北方向看（此处的雪山为阿尔卡塔格山的延伸）

水是苦咸的。因此，我们在到达其东端之前还要翻过另一个山口。就我们目前所见，这也许是所有盐湖中最大的一个，而这里并没有任何人类到过的痕迹。

　　9月22日。这里与32号营地之间的距离为14.5英里。我们途经之地的路面是很长时间以来所遭遇到的最难行的，一半路程都由一座座起伏不平的山丘所组成，十分崎岖，冲沟和峡谷又在其间制造出道道深沟。我们顺着一条牦牛道前行了一段距离，这条道基本上保持在同一水平高度上，不过沿其行进所付出的代价就是要绕行无数的弯路以及遵循时而向前时而向后的"之"字形路。看起来，牦牛更喜欢绕圈子而不是持续地直上直下。山丘挺立在距离湖岸很近的地方，它们是一道大规模山峦的北部外缘，那道山峦从南边把湖泊封闭其间，使得湖水到现在为止都没有出现在我们的视野之内。一个小时又一个小时，我们骑着马向西行进，可是还没有绕过湖去。

　　我们开始后悔当时没有选择沿着湖的南岸走。不过我们仍然继续向前推进着，心中怀着微弱的期望，希望湖的西端会出现一道峡谷，通向一处比较便利的山口，借此可以翻越阿尔卡塔格。可越是向西行，越过的山丘就越是低矮，直至最后我们已经可以在完全水平的地面上沿着水的边缘骑行。不过在我们与湖泊之间有一串淡水的潟湖，其中的每一个都靠一条山间溪流为其供水，它们与湖泊之间存在某些看不见的连接路线。

　　不利因素除了山丘以及现在所出现的无数条小溪之外，还有天气。大约在11点钟的时候，突然变了天，天空的每一个角落都被阴暗所笼罩，一场绝无仅有的猛烈的雹暴在湖上肆虐开来。云朵就像一堵坚固的黑墙从东边向我们逼近，同时伴随着凶猛的嘶嘶声与呜呜声，这声音类似于蒸汽从火车头里的锅炉中逃逸时所发出的声响。湖面变成了深灰色，岸上的山脉消失在了阴霾之中，而风暴怒吼的声音越来越大。当雹子摔打到本来如死一般平静的湖面上的时候，我们看得到水花是如何四溅，也听得到那清晰可闻的嘶嘶声。雹子倾盆而下，令人什么都看不清楚，不过最后还是变成了雪和雨。随后风向转变了，从西面刮过来一阵可怖的劲风，它直接吹进我们紧咬的牙关，几乎快把我们冻死了。马匹艰难地逆风跋涉着，就像要爬上一个陡峭的山坡一般挣扎和费力。泛着泡沫的浮滓结成块状向着湖岸拍击，形成了一道蜿蜒曲折的线，随着大大小小的水湾时凹时凸。水鸥看起来却相当享受，它们在浪头上恣意地摇摆翻滚，从中寻找乐趣。

●　从20号湖泊朝西北方向看　　**673**

最后,湖泊终于收窄,变成一条流向西边的长长的小河。朝着那个方向,盆地通过一条比较宽阔的山谷而得到了延续。湖的北岸被一道高耸的山脉所俯瞰,那山脉形成了阿尔卡塔格的延伸。

　　用透视法看过去,山脉分岔出去的横岭就好像一个个巨大的四方体,由于它们排成长长的一道风景耸立在那里,使我想起一排俯瞰着科索的房子或是出航的舰队。快到湖的尽头的时候,马队笔直地朝北走,走向山脉的脚下。在离到达山脚还有很长时间的时候,我们已经望见白色的帐篷在狭窄的峡谷的入口处微微反光。可是帐篷搭建其上的那片土地却挑得并不好,那是一条已经干涸的激流的河床,上面满是石头和沙砾,不过那垂直的峭壁倒是为我们提供了很好的屏障。

　　9月23日。在行进了13.5英里之后,我们建起了33号营地,它几乎就在31号营地的正对面。也就是说,过去两天的行进仅仅让我们向东推进了区区1码的直线距离。这一整天天气都糟糕透顶,先是自北面刮来一场遮天蔽日的暴风雪,随后又从北边的山脉中扫下来一阵大风。我们紧贴着湖岸行进,山脉就在左侧距离我们大约2英里的地方。高墙一般的岩石山脉被一系列窄窄的峡谷的入口所刺穿,曾从其中奔涌而出的激流制造出砾石碎片堆积而成的巨大斜坡,尽管现在那些激流已经干涸了。

　　我们所走的路线偶尔会经过一些十分陡峭的山丘,在翻越其中一座的时候,我失去了自己的坐骑。它是匹一等的马,自1895年我到帕米尔高原以来就一直驮着我旅行,可是现在它的气力已经完全耗尽了,再也无法继续前进。我骑上了伊明·米尔扎的坐骑,同时他则牵着我的马步履缓慢地前行。随后我独自一人行进,跟着旅行队伍穿行于令人看不见东西的大雪中。不过这一天,我注定要在我的马身上交到坏运气——我所骑着的伊明·米尔扎的坐骑马失前蹄,尽管并没有把我从马鞍里甩出去。因此,我只能牵着它的缰绳步行到营地。我很高兴终于能够躲到自己帐篷的遮蔽之下,尽管过了很长时间我冻僵的双手才渐渐暖和到能够被使用的地步。

　　整整一个下午从北面刮过来的威力十足的飓风都在持续。我的帐篷固定得很牢,边上的毡子也被很整齐地折起来塞到了行李箱底下,可是它还是被吹倒了,如果不是我抓住了其中的一根帐篷支柱,它就要被

● 看向东南东方向所见的逼近20号湖泊西边水湾的雹暴

大风卷跑了。我紧紧地抓着帐篷支柱直到伙计们跑过来帮忙，他们再次搭起帐篷，搭得更加牢固，并且在迎风的那一面额外用绳子进行捆扎。

只有5峰骆驼回到了营地，穿着野驴皮子做成的袜子的那峰无法坚持下去，于是被宰掉了。伙计们将其身上最好的那部分肉带了回来，成为我们的食品储备中备受欢迎的增添物。在这里，我们被迫又给了筋疲力尽的牲畜一天休息时间。

当我在清晨踏出帐篷，第一个映入眼帘的东西便是我的坐骑，它已经倒在地上死掉了。这匹马我骑了整整16个月，经历了各种各样的天气，它从来没有马失前蹄过，也从不曾足下趔趄，从这个角度说，它完美地适合我在它的背上进行地图绘制工作。在和阗的时候，它曾在刘大人的马厩中休息过4个月时间，而从那里出来之后，它就像一匹英国良种马一样壮硕和健康。在过去的一两个星期里，它瘦了一些，看起来饥肠辘辘，毛皮变得粗糙，力气也衰退了。它的尸体供狗美餐了一顿。从此以后，我改骑一匹我在库尔勒买的小黑马，在那次罗布泊探险的途中它就曾陪伴过我。

营地附近有大量野兔，使我们的菜谱能够出现可以接受的变化。

● 32号营地的"厨房"

　　9月25日。我们行进了15英里之后到达34号营地（海拔15565英尺）。在这天中的大部分时间，我们都沿着湖岸线行进。此处的湖岸线近乎笔直地伸向东南东方向，没有岬，没有水湾，也没有岛屿。不过我们在行进途中曾遇到一座低矮的山脊挡住了前进的道路，但作为补偿的是，其顶峰提供了一个能观察到周围环境的全面视野。东面的土地看起来相当空旷，在20号湖泊的另一端，我看到还有另外两个小湖和它位于同一条直线上，其相对位置使我想起了我放在行李之中的凯里和达格利什的地图。这些湖泊标志着那些旅行家所深入的最远的点，而曾经跟随他们的帕皮巴依证实了我的推测。

　　在东南方向最遥远的地方，一切景观都被顶着雪峰的巍峨山脉封闭起来。由于视线受到了其横岭和外围山脊的阻挡，我还无法确定这条山脉与南山山脉之间存在何种联系，而自从我们翻越阿尔卡塔格以来，南山山脉就一直位于我们的右边。不过，我怀疑它就是那条东段被叫作可可西里的山脉的最直接的延伸部分。我认为我们很可能距离纳普奇台乌兰穆伦河的发源地不远了。

676　　第二天被用来休整，同时等待暴风雪过去。现在，我的旅行队伍由

5峰骆驼、9匹马、3头驴子和11个人所组成。不过,有好几头牲畜已经坚持不了多久了,山地人伊斯坎德尔也生病了,于是被允许骑着其中的一头驴子。伊明·米尔扎被迫跟在他那匹已不适宜载人的马的后面步行。

马匹最后一次吃到玉米还是在30号营地的时候,从那以后,我们每天早晨都给它们喂一份坚硬而陈旧的面包。除了那点它们自己所能够找到的可怜的草之外,这就是它们吃到的唯一的东西。而我们则为自己把分成块状的面包每天烘烤两次。幸运的是,我们的燃料并不缺乏,因为到处都有大量的牦牛粪便。

第
八
十
二
章

# 刻着字的石头

　　9月27日，我们行进了17英里之后到达35号营地。这一天有希望为我们单调的旅程带来备受欢迎的变化，我们盼望着能再次翻越阿尔卡塔格，从此告别藏北的高地及其没有出水口的荒凉的湖盆地。我们知道，就在我们北边的某处有一个能够通行的山口，这是一个事实，因为在休整的最后一天，我派了一些伙计前去勘察，而他们回来报告说路很好走。在一条缓缓倾斜的山谷中骑行了几小时之后，我们被引到了那个相对来说较低的山口那里，它在北边的进路同样也一点儿都不陡峭。以一条上面覆盖着冰壳的小溪为向导，我们沿着一条山谷骑行，山谷渐渐变宽，形成一个在山峰包围之中的天然圆形剧场。小溪同时也成了伙计们的洗脚盆，因为他们经常要跳跃着跨过它，而有时在溪水较宽的地方无法顺利在对岸着陆。他们的脚裹在毡片之中，然后再包上一层野驴的皮子。每次一到达营地，他们首要关心的事情就是风干他们的"鞋子"。

　　在急匆匆地翻过山脉的一个突出来的岬角之后，我们看到了非常令人沮丧的景象，即一个该地区所有溪流都注水于其中的小湖。很明显，我们只不过是走入了另一个没有出水口的自给自足的盆地。因此，

678

我们刚刚所通过的那个山口很可能并不是翻越阿尔卡塔格的真正山口,而后者还需要我们继续攀爬才能到达,而且或许其过程要比这艰辛得多。

不过最后,我们还是来到了我已经提到过的那个天然圆形剧场,即圆形山谷。那里所生长的牧草倒并不稀疏,在我们的右边,有超大一群牦牛正在岩石脚下吃草。斯拉木巴依骑马接近它们,并朝着它们放了一枪,于是牦牛群散开,其中的大部分逃进了山里,而剩下的50头左右则紧紧挤在一起,向着我和伊明·米尔扎端直地冲了过来。我们两个人是落单的,而且手中没有武器,处境十分危险,因为那些动物看起来似乎要直接向我们发难。牛群的头领是一头体格匀称健壮的公牛,在它身后跟着一头小牛和几头老公牛,它们用尽全力猛冲过来,牛群的后面则是骑着马的斯拉木巴依。牦牛被完全裹在一团尘土形成的烟云之中,我们可以清晰地听到它们的蹄子制造出的噼里啪啦的声响,并且无奈地意识到,在接下来的一两秒钟之内我们将会在它们以排山倒海之势发起的无可抵挡的攻击之下被压扁。不过看起来它们似乎到那时为止还没有发现我们,因为它们的头领在距我们大约百步之遥时刚一看到我们,便立刻掉转了方向,而整支队伍立即跟在它后面掉转方向。这给了斯拉木巴依机会,他匆匆忙忙地跳下马,将自己埋伏起来,然后冲着牛群正中间的一个目标开火。子弹打中了一头公牛的前腿,这只动物因暴怒而变得疯狂,它直冲过来向这冒冒失失的人发难。斯拉木巴依跳上马鞍,以他的虚弱的马匹所能够达到的最大速度疾驰而去。但那牦牛尽管只能用三条腿来奔跑,却在追了两三分钟之后便追上了他。不过正当它准备用牛角将其敌人连人带马都掀翻的时候,意识到危险的斯拉木巴依掉转了马头并向它瞄准。不过斯拉木巴依过于兴奋了,他已经无法带着这种危急时刻所要求的冷静沉着来瞄准。好在牦牛距离他太近了,近到想要射偏都不大可能,子弹幸运地穿透了牦牛的心脏区域,就这样结束了这场竞赛。

这是头大约8岁的公牦牛,它的舌头和肉受到了大家的特别欢迎,因为我们的米和面粉的储备正在被迅速地消耗掉。如果斯拉木巴依的最后一枪没能一击致命,他肯定已经命丧黄泉。追击野牦牛的行为是危险的,而且并不总是能以这样美好的结局告终。

● 牦牛准备用牛角将其敌人连人带马都掀翻

　　这次冒险导致我们得把营地扎在一个不如平时那么适宜的地点，因为那里距离水源很远，而为了充分利用这头死去的牦牛，我们被迫又在那儿停留了一整天。为了防止狗糟蹋牛肉，它们都被拴了起来，所以到用晚餐的时候，我享用到了用牦牛肉做的汤，是深棕色的，很有营养而且也十分美味。之后的一段时间之内，这种汤都成为我每日食谱的一部分。

　　如果说我的晚餐很好的话，那么餐后甜点就更妙。当我刚刚点起烟斗的时候，所有的伙计在斯拉木巴依的带领之下来到我面前，他们都兴奋万分地大喊着："我们找到了一个标记！"4块大石板被摆在我面前，上面刻满了藏语的字母标记。每一块石板都是一个整体，而且很明显其自身就是完整的，不过其中有两块比较陈旧，因为其上的刻字已经有部分被磨掉了。

　　在离开之前，我去了那些刻着字的石板被发现的地方。那是在一个小湖边，它们是被一些前去取水的伙计所发现的。很快我就找到了一个石头组成的方阵，以及两三个帐篷的轮廓线。很明显，游牧的藏族人或蒙古族人曾带着其牦牛群在此地居住过一段时间。就在附近，我们又发现了与之前的4块相似的另外8块石头，上面都刻满了字。我们不可能把所有的石头都带在身上,因此我从中挑拣了品相较好的两块,它们的厚度也不算太薄,可以承受旅途中的颠簸。剩下的那些被埋起来以便保存,因为如果这发现被证明很重要的话,我将会在今后某个时候返回来把它们取走。

我们继续朝着东北方向行进,走了15英里之后到达36号营地。在出发之后不久,我们遇到了一条向东流去的比较大的溪流,而且它是从湖中流出的。那么,23号湖泊终于不是一个没有出水口的自给自足的盆地,因为溪水并不是注入湖泊,而是从其中流出,一路流进高耸在我们前方的山脉之中。下一处值得注意的地理标识是一个微不足道的山口,我们在其附近发现了一只野绵羊的头骨,还有一群群牦牛和藏羚羊以及无数的野驴。我们时不时能够分辨出一些被踩踏出来的小径,但不能肯定其究竟是被野生动物还是人踩出来的。不过在山口的顶端我们遇到了一个石头堆,它的形成无论如何都是人类的双手所赐。从山口下来之后,我们进入一个开阔的大锅形状的山谷,里面的草生长得很繁茂,几条小溪横贯其间,向着东南方向流淌。看起来这里就是野驴完美的黄金乐园,它们在四处蜂拥成一大群一大群的,我们数了数,常常一群中包括80～200个个体,像一个个骑兵中队一样在山坡上移动。

大约走到山谷中部的时候,我们有了另一项发现——全面地考虑,这是一项意义非凡的发现,因为它由3峰骆驼和6匹马留下的蹄印所组成,也就是说,这是一整支旅行队伍留下来的,而他们去往西北方向。根据山地人的观察,那些踪迹最多不过是5天之前留下的,无论如何,我们又一次明确地进入了人类伙伴活动的范围之内。这项发现为伙计们注入了新的活力,他们目光敏锐地留心观察着更多的人类活动迹象。现在可以期待,我们随时有可能碰到蒙古族人或牧羊人。

在大锅形状的山谷对面,我们从两条山脉的横岭之间爬上一个微不足道的山口。在此处的一个沙丘脚下的一些冰封的泉水旁边,我们支起了帐篷。这段距离的行进令两匹马丢掉了性命。

9月30日。夜晚很明朗,但也很寒冷。清晨时分,大地笼罩在薄雾之中,每一片草叶以及每一块突出的石头都被装点了长长的霜的白羽。从山口下来,我们进入一条比较宽阔的水草丰茂的山谷,一条小溪顺着它潺潺流淌。沿着山谷走了不长的一段距离之后,我们看到一个黑色的物体竖立在溪水左岸,我以为那是头躺着休息的牦牛,但当我们又接近了一些之后,伙计们断言说那是一个标志。我们朝着它走过去,万分惊愕地发现,在如此荒凉的地区的腹地竟然出现了一座构造如此新颖而美丽的敖包。它由一块靠着一块的巨大石板所构成,石板上刻满了字。最后,好运气终于眷顾我们了。整个旅行队伍都被召集起来,尽管这天仅仅行进了5英里有余,但我还是让伙计们在紧挨着敖包的地方搭起了帐篷。整整两天,我都要在这里繁忙地工作。这里的草比别处的长势要好,小溪为我们提供了水。我们确实将一匹马和一头驴子留在了山口那里,这恰恰证明了尽可能地挤出时间来让牲畜们休息是多么地势在必行。

　　我的第一步是为这个引人注目的建筑画草图,我从其四面中每一个面的角度出发都画了速写图。这座敖包的平面图就像是一座马厩的平面图,有3个棚子,分别宽1.25英尺、1.75英尺和2.25英尺,总共用了49块石板,它们彼此之间边缘相接,相互支撑在一起,就像用纸牌搭房子的方式搭建起来。背面的石板将近4.5英尺长、4.75英尺高,以一种独特的方式高耸于其他石板之上。那突出于建筑的顶部的部分上面没

有铭文,但其上的每一部分都被象形文字或字母标记所完全覆盖,字体有大有小。在它的外边是其他的石板,有些达到了5英尺长。所有的石板都非常平坦,其厚度不超过0.3英寸,是深绿色的。这看起来真是令人震惊,这样的石板是怎样如此完好无损地从附近的粘板岩山脉中采挖出来的?

棚子的顶部位于地面以上2英尺处,由4块石板所组成,每一块长7.75英尺,这样一来它们就突出于10块组成山墙的石板之外。敖包的正面直对着山谷下方,也就是面朝着东南方向。那些象形文字的高度从0.75英寸到4英寸不等,很明显它们不是被凿上去的,而是用某种带尖的锋利工具印在粘板岩上的,否则的话,这些脆弱易碎的石板——它们只不过类似于小孩在学校里用的那种写字的石板——根本无法经受住切凿的过程。字母是浅灰色的,因此,在石板的暗绿的背景之下很容易辨认。

紧邻着敖包有一些被煤烟所熏黑的石头,还有一些木炭和炭灰,表明游牧者就在不久之前曾在此处停留过。另外,我们还发现了一座长方形的坟墓以及通向坟墓的脚印,据此可以得出结论:此处或许是一个朝圣的目标。

我再一次遭遇了与先前同样的问题——这些沉默的石头能告诉我什么?

它们所传达的信息很可能是宗教性质的。不过无论是什么,它无疑在某种程度上激发了我的兴趣。或许它是关于曾在这里发生的某个事件?无论如何,我一定得抄下上面的铭文,以供今后请人去破译。因此,我们拆下了面朝西南方向的墙,并且把所有的石板都按顺序平铺在地面上,这样一来,在我抄写完上面的文字之后就可以按照原有顺序把它们放回去。

头两块石板比较小,我在半小时之内就抄完了上面的字。当我开始抄写第三块石板上的文字时,那些文字所具有的奇怪的一致性给我留下了深刻的印象,而且我想,同样的符号在固定的间隔之后会重复出现。在进行了一番更加细致的观察之后我发现,每7个字母总是相同的。我走出帐篷去观察那座敖包,原来那49块石板中的每一块上面刻的都是相同的这7个符号,重复出现了一遍又一遍,完全遵循相同的规律与统一的顺序。我明白过来了,这些神秘的铭文只可能有唯一一种解释:它们就是那句著名的不断重复的西藏祷告真言——"唵嘛呢叭咪吽"。我立即停止了抄写。

我满足于拿走两三块外观较好的石头作为样本,而把从36号营地带过来的那些留了下来。我们当然不可能把这整个建筑都带走——它的分量需要足足3峰骆驼才驮得动。

无论如何我们肯定有一项收获:现在拥有了毋庸置疑的证据,表明我们偶然间发现了通向拉萨的伟大的通途之一。那敖包、坟墓、小径以及第一个山口顶部的石堆全都是这一事实的毋庸置疑的见证者。与此同时,在山谷的下方,伙计们踩在了两三峰骆驼和几大群野驴所留下的足迹上。山地人坚持说,野驴总是执意躲避着有人居住的地方,它们从不出现在人类附近。据此,他们认为我们至少还要走上两天才能到达最近的有人居住的地区。

第
八
十
三
章

# 再次进入有人居住的地区

10月1日，我们坚定地沿着那笔直而宽阔的山谷向东行进。一群野驴正在溪边吃草，大约有120头，斯拉木巴依朝着它们开了一枪，但没有任何收获——他只不过启动了整支队伍，令它们朝着山坡上面疯狂地奔跑。在逃跑的过程中，它们没有丝毫困难地挤上陡峭的斜坡，排成了一道长长的起伏的波浪线。不过在划过一个很大的弧线以后，它们又以闪电般的速度跑了下来，朝着我们的上一处宿营地奔了过去，最终消失在一阵扬起的尘土之中。

在接近山谷尽头的地方，我们又发现了两个敖包，其中一个包括63块石板，不过其构造与那第一个并不相同，石板仅仅是围绕着一个小丘被松散地堆积成堆。那些面朝西边的石板上的文字已经有一部分被磨掉了，很可能是出于一直盛行的从那边刮过来的风的力量。

这条山谷终于把我们引到了另一条比它要宽得多的山谷之中，其间流淌的溪流就是我们在35号营地附近曾经跨过的那条。在两条峡谷之间的角落里，岩石又成了花岗岩质地的。整整一天，我们都用敏锐而焦急的目光搜寻着人类留下的印记，而且确实看到了另一处火灶，以及一些帐篷钉和骆驼粪便。斯拉木巴依看到一些牦牛正在山谷另一边

685

的山脚下吃草,他小心翼翼地接近它们,将其纳入自己的射程范围,然后开了三枪,却没有击中其中任何一头。接下来请想象我们的惊诧!——一位老妇人跑上前来,一边大喊一边打着手势,于是我们立刻就明白过来,原来这些动物是家养的牦牛,原来在藏北旷野中穿行了55天之后,我们终于到达了有人居住的地区的最边远的前哨地。

不久之后,我们就看到了那老妇人的帐篷,它立在溪流的右岸,我们在其旁边建起了38号营地。她的牦牛、山羊和绵羊在附近吃着草,而提到绵羊,就令我们的口水使劲儿地流。

我们与老妇人的交谈可以视为原始的手势语言之价值的成功证明。她当然不知道我们是谁,是干什么的,而我们的团队里也没人懂得蒙古语。帕皮巴依记起了一个单词——"baneh",即"那儿有"。我则知道三个常用的地理术语:"ula"(乌拉),即"山","gol"(郭勒),即"河",以及"nor"(淖尔),即"湖"。但这样的词汇量还不足以让老妇人理解我们那第一位的凌驾于一切之上的最重要的需求——我们想买一只绵羊。我开始像只公羊一样发出"咩咩"的叫声,同时向她示意"二两"(中国的货币单位,相当于12~13先令),这下她就明白了我的意思。

这天傍晚,我们享受到了以新鲜羊肉作为晚餐的难得的奢侈。

我的伙计们都欣喜若狂,他们现在终于可以终结在西藏的高地上所遵循的那种沉闷阴郁、孤独寂寞、单调无聊的生活方式。我们再也不需要让自己陷入食物短缺以及被迫食用硬得嚼不动的牦牛肉的境地,或许甚至可以弥补上我们的旅行队伍自从翻越阿尔卡塔格以来所造成的牲畜数量上的可悲的缺口。此外,运用符号语言交流使我们进而了解到,老妇人的丈夫进山去射猎牦牛了,但她期待着他在太阳落下之前回家。

在等待那个蒙古族人回来的这段时间里,我在帕皮巴依与伊明·米尔扎的陪伴之下参观了老妇人的帐篷内部。当看到我们接近的时候,她迎上前来,并且把8岁的儿子带在身边。我给了那男孩一块糖,给了他母亲一小撮烟草,她立刻就将其塞进了她那又窄又长的中国烟斗,然后有礼貌地示意我们进去。

帐篷是用一块陈旧而且极其破烂的毡毯搭建起来的,用两个杆子

作为支撑,每一个长边都用三条固定着的横杆拦起来,并通过穿过帐篷

顶上的孔洞的绳子系在外面地面上插着的竖直的木桩上。这使得帐篷的顶部变得更圆,从而获得了更多的空间。在帐顶的中间有一个又长又窄的用来排烟的通风口。用以支撑帐篷的杆子是用柽柳木制成的,那种植物生长于柴达木的哈贾尔(Hajar)。

就在那时,一阵从西面吹来的强烈的暴风雪降临了,我们走进帐篷,一睹其内部的陈设。其中最重要的物品是一个小小的立方形的箱子,靠在正对着入口的较短的那一边帐篷壁上。帕皮巴依说这是个供佛的神龛,他的说法是正确的。老妇人略一迟疑,还是打开了神龛,它包括藏语的书籍,写在长长、窄窄的纸片上,并未装订起来,而每一本书或者说每一捆这样的纸片都包在一片布里面。老妇人用放在箱子盖上的一个牦牛尾巴来为这神圣的佛龛除尘。在箱子旁边还有几个黄铜和木头做的盆子,很明显这些都是圣器。余下的家当包括一个瓷碗、一个皮桶、一个水壶、一个铁制的煮东西的锅子、一个铜制的有盖子的带把炖锅、一个黄铜茶壶、一个装满了某种晒干的植物的袋子,那种植物被丢进火里会散发出一种芬芳的气味,除此之外还有刀、风箱、(用来打火的)钢、马鞍与缰绳、褴褛的破布、一个里面装满了牦牛脂肪的绵羊膀胱以及一包糌粑。

占据帐篷中大部分空间的是野牦牛的大腿、臀部、胫部和脊梁等部分的肉,而剩下的部分则在帐篷外边被堆成了一堆,因此我们就得把我们的狗给拴起来。那些牛肉一直被露天放置,直至其萎缩并变得又干又黑,而且硬得像块木头。老妇人拿刀切下几片来,在火上翻烤了一会儿,然后递到我们面前请我们吃。我们在后来了解到,这个家庭常年都在这同一个地方居住,目的是给其在柴达木的部族成员提供牦牛肉。

帐篷中间有三块大石头,用来支撑煮东西的锅子,作为燃料的牦牛粪被围绕着它堆成了一圈。当老妇人想要生火的时候,她就用钢打出火星并让火星落在一把植物的须子或是短毛上,然后将其塞进盛着粉末状的干马粪的炉膛,在用风箱把火吹着之后,再把牦牛粪堆上去。蒙古族人并不吃野驴的肉,他们只是从母驴那里挤奶,驴奶尝起来有点像柯尔克孜族人的酸奶。一个中空的石头被支在一个低矮的三脚架上,里面注满了牦牛的脂肪,这就是用来照明的灯。

老妇人和那男孩穿的都是绵羊皮,用一条腰带拴在中间,脚上穿着

687

皮靴。老妇人用一条长帕子包着头,帕子在脖子后面系了一个结。她的头发被编成了两条长辫子,用一块布保护起来。男孩不戴帽子,头发编成三条短辫子,像田鼠的尾巴那样伸向不同的方向。

　　傍晚时分,当我们正在享用以新鲜美味的羊肉为内容的"皇家盛宴"的时候,老妇人的丈夫道尔奇(Dorcheh)在结束了牦牛捕猎后回到家里。见到有陌生人出现在自己的营地里,他大吃了一惊,不过他是个通情达理的蒙古族人,对这件事处之泰然。道尔奇是个十分典型的蒙古族人,他是位饱经风霜的老者,脸上有千条沟壑纵横。他的眼睛很小,颧骨又高又突出,嘴唇上方和下巴上的胡子都稀疏而粗糙。他也穿着羊皮,还穿了一条皮子的马裤。他的双脚包在毡片里,头上戴着一顶小小的毡帽,即一种无边的半球帽。

　　他所掌握的蒙古语之外的语言,与帕皮巴依的蒙古语水平不相上下,不过我们还是尽可能地同他交流,并且很快就学到了若干词汇。道尔奇搭建帐篷的这个地方被称作"莫索托"(Mössöto),而流过山谷的溪流是乃金郭勒河(Naijin-gol)的源头溪之一。我们在两三天之前所观察到的骆驼踪迹,是另一个一起扎营的同伴的牛所留下的,那个人刚刚把他所有的物品都搬往他位于哈贾尔的冬季营地。如果我们追随它们的足迹的话,就可以在5天之内到达哈贾尔,反之若是沿现在的路线行进的话,就得花去8天时间。

　　沿着山谷下行,行进一天之后就会看到乃济蒙古族人的一个聚居点。不久之前,他们曾遭到一伙唐古特人的攻击。那伙强盗从东南方向而来,个个都武装到牙齿,将所有能拿走的东西都洗劫一空。这些不幸的蒙古族人只能单单依靠吃牦牛肉来维持生存,他们派了一些人去见西宁府的长官,长官大人分给他们一些面包、面粉等供给品。因此,道尔奇建议我们不要继续朝着那个方向前进,因为那样走的话我们将找不到任何吃的东西。

　　为了感谢他向我们提供信息,我给了那老人一支烟,并且填满了他那牛角制的火药筒,他对此十分满意。这个大喜之日就这样结束了。持久的孤寂使我们变得有一些烦躁易怒,还有点打不起精神。与自己同类的这第一次接触为我们所有人注入了生气与活力,并且重新唤起了我们的兴趣,就连小溪在河床上的花岗岩石块中泛着浪花潺潺流过

● 两个蒙古族成年男子和一个蒙古族男孩（最上方的是道尔奇）

时发出的声响，都因此听起来像是全新的音乐。

我们理所应当地在此处停留了一天。第二日，我们全天都待在第一次接触到的这户蒙古族人家身边，而我们也并不是无所事事。首先，我们买了三匹马，它们属于一个矮小的品种，但身体状况相当好，还买了两只绵羊以供在路上宰杀。同时我们也淘汰了自己原有的牲畜中状况最糟糕的几头，包括两峰完全油尽灯枯的骆驼。山羊奶是除此之外蒙古族人所能够提供给我们的唯一的东西，而且极其受欢迎。作为与羊奶的交换，我们给了他们少量的茶叶与面包，而这令他们非常高兴。"一只熊！"当我们正在我的帐篷旁边做交易的时候，传来了一声叫喊。斯拉木巴依拿起来福枪，而道尔奇端着他笨重粗陋的燧发式火枪就冲了出去。但比起他们来，熊先生的速度要快得多，它掉头就跑，消失在山脉中。

不过我从自己的第一堂蒙古语课程中得到了极大的快乐。教我蒙古语的道尔奇所做的试图理解我的手势语言的努力十分有趣。我先通过连续伸出 1 根、2 根、3 根……手指头的方式学了数词，即 nägä、hoyyer、gorva、dörvö、tavo、surkha、dolo、nayma、yessu、arva、arvanägä 等等。学习就在我们身边的那些物品的名称也同样很简单，比如说帐篷以及其中的若干附属品，色彩，人身体的各个部分，地貌特征，等等。通过这种方式，我获得了关于日常生活中最常见物品的还说得过去的词汇量。在上过第一课之后，我就可以与道尔奇谈论一些简单的话题，比方说"Gorva temen baneh"（我们有 3 峰骆驼）以及"Bamburchi mo"（熊是一种凶暴的野兽）等。这种类似于鹦鹉学舌的方式令我想起旧式的教授拉丁语的方法。

动词比较难以掌握，不过我还是在第一天晚上就设法了解了那些最基本的动词，比如用来表示"去""打""骑""寻找""落下""下雨""下雪""找到"等动作的词语。要想了解这些动词怎么说，就得做出若干体操动作来。我在道尔奇背上重重击打了一下，为了弄清楚蒙古语是怎样表示这一动作的，而他看起来被我吓了一大跳。

在接下来的整整两个星期当中，道尔奇都担任着我们的向导，在那段时间里，我所有的空闲时间都用来学习蒙古语。通过仔细研究他的发音以及他与其他人的对话，我以非凡的速度掌握着这门语言。当最初的困难被克服之后,你就会进步飞快,以至可以将几个简单的句子连在一起说,并因此而能够稍微进行一些会话,于是掌握语言就只剩下扩展词汇量和获得讲话时所必需的流畅度的问题。在此之后,我就再也不需要一位蒙古语翻译了。我在这些人中间生活了好几个月,可以不通过任何中间人而与塔尔寺的活佛以及王爷府❶的总督直接进行对话。我以这种方式克服了在失去我的汉语翻译冯时之后所预期可能会遭遇的最大的困难与不便。

10月3日一大早,我出于绘制地图的目的,测量了我的蒙古马新坐骑的步长和速率,在此之后我们离开了莫索托。就在出发之前,另一户住在山谷较上方的帐篷中的蒙古族家庭专门跑下来和我们这些陌生人告别。

一开始我们一直沿着溪流的左岸行进,然后转向北面,拐进一条地面上撒满了石头的分支峡谷,而我们在那里的出现把150头左右的一群野驴惊得四散逃走。峡谷逐渐变宽,变得又开阔又丰饶。

当我们来到一个小水池旁边时,道尔奇跳下马说,这是音根察汗纳门(Yikeh-tsohan-namen,海拔14400英尺),而我们应当在此地扎营。我们照做了,从清晨至此,我们已经行进了12.5英里。

10月4日,向导引着我们继续沿着峡谷走,峡谷逐渐转弯,弯向东北面和东面,同时变得比之前险峻许多,道路常常被从两边的山脉上滚落下来的石头和砾石所阻塞。到目前为止,大多数的岩石都是暗绿色云母质的片岩,它们都稍稍地向北面倾斜。现在岩石则变成了花岗岩,颜色从红色到灰色都有,而在这天余下的时间里,从这里一直上到音根察汗达坂山口(海拔16320英尺),我们所见的大部分都是花岗岩。这段攀爬的路程相对来说还比较容易,甚至于我们仅剩的那三峰骆驼也没费什么特别的气力就爬上了那圆形的坡顶。

站在山口顶端所获得的视野也并不是十分开阔,这山口被山脉封闭起来,山脉阻隔了视野。东边的山谷向着北面弯过去,也被高耸的截

---

❶ 王爷府,1731年(雍正九年),清政府赠定远营(今巴彦浩特镇旧称)为阿拉善和硕特旗札萨克多罗郡王阿宝的驻地,俗称"王爷府"。——本版编辑注

住其去路的山脉所环绕。山口积了很厚的雪,而且其东侧的雪比西侧
的更多。我们顺着东边的山谷走下山口,途中越过一堆堆砾石与石头,
并且发现东边山谷比西边山谷的沟壑要深。西边山谷的倾斜度更为和
缓,形成了一种台阶或是青藏高原的过渡性横岭。

　　我们现在观察到,我们在20号湖泊正北方向所翻越的那个较矮的
山口形成了一道重要的分水岭。在它的南边,溪水都流进西藏的那些
没有出水口的自给自足的湖泊,而北边,溪水则全部都注入柴达木盆地
的盐湖里,后者同样也没有出水口。

　　那到现在为止一直顺着山谷流淌的溪水并没有伴随它向北面拐过
去,而是在接纳了许多条支流以后担起了艰巨的责任:它为自己开辟了
一条流进花岗岩质的山脉的道路。目前,它所走的路径是一条又深又
窄的沟壑,沟壁垂直于沟底,而沟底被巨大的石块所阻塞。斯拉木巴依
像往常一样领路,他带着旅行队伍小心翼翼地穿过那条沟壑,不过据一
直骑马跟在我身边以便告诉我那些山脉、山谷和溪流的名字的道尔奇
说,在山谷左侧的山顶上有一条更好走的路,那里的地面是柔软的黄
黏土。

　　这条位于较高处的道路突兀地朝着峡谷倾斜过去,走在上面可以
听见溪水在我们脚下深于300英尺的地方奔涌向前。小径的宽度不超
过1英尺,它紧紧地附着于地形的每一个不规则之处,甚至在有些地方
它事实上就是从垂直的山壁上挖出来的,而山壁也是由这种同样柔软
的材料所构成。近期的雨水令地面变得湿滑而泥泞,道尔奇骑行在前
面,我紧紧地跟着他,心都提到了嗓子眼儿。突然间,我的马一蹄子踏
到了那绵软的黏土小径过于贴边的地方,它就这样跌了下去,那短暂的
一瞬间足够我把自己甩出马鞍。我平着落下来,背部着地,而我的马则
在陡峭的山坡上向下翻滚了两三圈之后才停了下来。道尔奇急忙跟在
它后面下了坡,并帮助马爬了上来。如果这匹马没能像它刚才所做的
那样设法使自己停下来,它必定会坠下悬崖,而当时悬崖距离它不过只
有一两码;如果我没能把自己甩出马鞍,我或许就去和它做伴了。在那
之后,我选择谨慎地牵着马步行。

　　小径蜿蜒着向下,逐渐接近峡谷的底部,我们在那里同旅行队伍会
合。随后,我们在小溪那无数装点着河床的岩石碎片之间来来回回地

走着"之"字形。这时候,从北面刮过一阵大风,带来了猛烈的暴雪,直接冲着我们扑面而来,令我们无法看到前方的景象。又穿过了一些不好走的通道之后,我们到达了那个叫作可可布列赫(Koko-bureh)的山谷延伸部分,在那里,河两岸的草长得都十分繁茂。

已经有两个月时间没有位于过海拔如此之低的地方了,不过想着我们每天都在步步接近更低的地方,并且享受到越来越温和宜人的气候,真是件令人愉快舒心的事。

这一天,我们行进了17英里。

第
八
十
四
章

# 柴达木的蒙古族人

　　10月5日。离开了可可布列赫之后,我们继续沿着山谷下行。溪流的河床像之前一样堆满了石头,使我们未钉掌的蒙古马走得蹄子很痛。在山谷的一个延伸部分,我们遇到了一群骑马的蒙古族人,每个人都是全副武装。遭遇的双方都无比震惊。不过在道尔奇的帮助下,我试图雇他们来与我们同行。我们很快就一点达成协议:我们就在原地即哈拉托(Harato)地区扎营,尽管当天所行进的距离还没超过9.25英里。好在这里水草丰茂,是个绝佳的扎营地点,此处的海拔为11060英尺。

　　这队蒙古族人由五个男子和一个女子所组成,他们正要从音根察汗郭勒(Yikeh-tsohan-gol)前往莫索托,他们打算从那里进山,目的是贮备一些用于过冬的牦牛肉。他们计划去15～20天,但随身携带的供给品仅仅只够维持五六天,当这些食物被吃完之后,他们希望能靠吃牦牛肉过活。射猎到所需数量的牦牛之后,他们会让马驮着牛肉,而他们自己则步行走完回程。

　　这个季节是猎杀牦牛的高峰期。毫无疑问,每年的这个时候,牦牛都会下到周围区来寻找更好的牧草。蒙古族人与山地人捕猎牦牛的策略以及方式完全一样，也就是说，至少由两个人来攻击一头牦牛，以便在这畜生对猎手发难之时有一杆或更多杆枪的枪口在它背后对着它。

牦牛捕猎者都"状态很好"，所有的人都兴高采烈而且富有幽默感。很容易想象，这次秋季远足令他们愉快地打破了原本单调无趣的生活。捕猎牦牛的季节持续一个月左右，每一个捕猎队伍都拥有属于自己的一块经过公认的捕猎场地。猎手就住在露天，他们不搭帐篷，唯一的负担不过是他们穿的衣服、马鞍、火枪以及装在皮质背包里的一小份口粮。

我们遇到的那个团队中的男人和一个女人就在我帐篷旁边的灌木丛中宿营，也就是说，他们在三块石头之间生起火来，并在篝火的上方挂起一个装满了水的煮饭锅。当我踏进围在篝火周围的圈子中的一方空地的时候，我得到了一声友好的问候："近况如何？"

当锅里的水开始沸腾的时候，一位较年长的男人从一个包里取出了6只木碗，分发给团队中的人，随后他给了每人一份大麦粉，接着又添了几片用羊油做的香肠。在他刚刚做完这些之后，那个一直忙于添柴和照应篝火的女人从锅里舀了一满勺水出来，将水倒入每个碗里，直到水淹没了大麦粉和羊油。这就是糌粑，是当地人的经典食

● 哈拉托的岩石，位于音根察汗郭勒山谷中　　**695**

物。当那团糊状被吃掉之后——他们吃得有滋有味——碗底还剩下许多羊油和大麦粉,需要再添上一两勺热水。这就是他们这一餐所吃的全部食物。在晚餐结束后,他们拿出了自己的烟斗,用它来吸食低劣的中国烟草,烟草是从挂在身边的一个小烟草袋子里取出来的,他们很快就心满意足地吞云吐雾起来。这一整队的人看起来都吸食这种烟草成瘾。

他们的服装由毛皮(绵羊皮)、马裤、靴子和帽子组成。毛皮就直接贴着身子穿,他们看起来似乎对寒冷非常地不敏感,因为他们的右臂以及自腰部以上的右半部分身体都是光裸的。夜晚,他们把自己紧裹在那毛皮里,然后围着火堆紧紧蜷在一起。下雪时,他们就用火枪、马鞍和马鞍上的破布搭成某种十分粗陋的保护。他们都编着辫子。当坐在那里的时候,他们的手指一直忙于数念珠上的珠子,以便于计算自己重复念了多少遍那句祈祷——"唵嘛呢叭咪吽"。

10月6日。蒙古族人给我们卖了两匹马。一大早,大约在他们离开去寻找自己的捕猎场地的一小时之后,我们发现这种动物的习惯性实在是太强烈了:它们跟着自己的上一任主人走。我派了两个人骑马沿着山谷上行,去把它们给带回来,因此,直到中午2点钟我们才终于可以出发。在几小时之前已经有两个山地人赶着三峰骆驼先行动身了,我、道尔奇和约尔达西三世也提前进发,留下马队稍后追随。

我们几乎马上就跨过了一条小溪,并且在一段时间之内一直行走在其右岸。山谷扩展开来,花岗岩的山峰显示出一种分立存在的倾向,彼此之间相互独立。溪流的右岸紧贴着岩石,形成了一个极其窄小的山口或是山峡,我们在其另外一侧看到了一幅非同寻常的景观——地平线在最遥远的天边形成了一道十分笔直的线。在此之后,我们不再沿着小溪行进,不过在走了大约一个小时之后再次踏入其已干涸的河床中。此处的河床不仅变得更宽阔更平坦,而且上面也没有那么多的石头,因为只有在夏季的时候这里才有水流经过。

在这天余下的时间里我们都沿着干涸的河床前进。毗邻着哈拉托河谷的那些山脉横岭逐渐脱离彼此,尽管它们的外围支脉在东、西两个方向都还继续可见。

在山谷的尽头处,所有的植物差不多都绝迹了。平原以近乎微不可见的坡度向着北面倾斜,而且渐渐变得越来越贫瘠荒芜,最终过渡成为一片纯粹的荒漠,其中偶然可见一串低矮的沙丘,似乎是被占主导的西风吹刮而形成的。

这是一片单调无趣的大地,绝对没有任何生命的迹象,也看不见一条踩出来的小径。死一般的寂静笼罩着整片无边无际的平原,在一双已经长时间流连于藏北的群山世界的眼睛看来,这片平原的景致实在是太过枯燥,令人生厌。从马鞍上调过头来向后看,那些巍峨的山脉以及上面被白雪覆盖的山峰看起来就像是画在一块平面背景之上——这是绝对纯净清澈的空气所制造出的效果,我甚至都无法分辨出我们刚刚从其间骑马走出的那条峡谷的出口在哪里。

柴达木盆地在一些方面与塔里木盆地相似。在两个盆地中,绿洲都被带状沙漠区从山脚下分离出来,溪流都会消逝在沙地中,尽管在柴达木,盆地的中心部分被一系列广阔的沼泽地所占据,仅仅在其周围给沙漠留下了相对窄小的那一小条地方。

我们向着北面行进了一个又一个小时,在距离夜晚降临还有几小时的时候赶上了前方的骆驼。带状沙漠区被大草原所取代,就像在塔里木区域的情形一样,柽柳从其自身根部的土堆中生长出来。一开始,它们只是两株一丛三株一堆地稀稀落落地散布四处,但接下来就会长成一片连续而错综的树林。在周边寻找了很久,道尔奇最终发现了一条小路,但是他说他担心跟在后面的其他伙计们在没有向导的情况下永远也不可能找到这条路,于是就告诉了我应当怎样走才能到达下一处宿营地,然后在我提出抗议之前,就消失在了茫茫夜色中。

幸运的是,我的马比我更熟悉这一地区。骑行了约一个小时后,我瞥见在前方的灌木丛背后有火光闪耀。蒙古犬发出警报,接着一群狗冲了出来,冲着我的马和被我抱上马鞍安置在我身前的约尔达西三世狂吠不已。随后我就看到了帐篷及其周围的人们。我静静地骑向其中的一顶帐篷,把马拴在外面,自己走了进去。

帐篷中有6个蒙古族人,他们抬起头惊愕万分地盯着我看。我依照其惯例用日常习语"最近的情况如何?"向他们打招呼,然后坐到火堆旁边并点起了自己的烟斗。我看到在角落里立着一个盛着发酵的马奶的盘状器皿,于是站起身来痛饮了一回。它的味道尝起来就像淡啤酒,

● 到达位于音根察汗郭勒的第一个蒙古族人的营地

　　在经过了将近27英里的长途骑行之后,喝到这样的饮料让人感到非常提神。那些蒙古族人依然一言不发地继续盯着我看,不过他们也没忘记不时地往火堆里添一些燃料。他们还没从震惊中回过神来,道尔奇就领着旅行队伍在两个小时之后到了这里,于是他向他们解释我们究竟是怎样的一群人。在蒙古族人的帐篷之间生起了一堆火,而给我搭的帐篷把火堆圈了进去。我吃到晚餐的时候已经是凌晨1点钟了。

　　最后这一段艰苦跋涉又使我们损失了2匹马和1头驴子。两个月之前和我们一起从达赖库尔干出发的那56头牲畜到现在只剩下了3峰骆驼、3匹马和1头驴。

　　我们在音根察汗郭勒待到了10月11日,一直和那群蒙古族人在一起。休整对我们来说已经不仅仅是有益的,而且成为必不可缺的。遵照他们自己的请求,我同意哈姆丹巴依以及所有的山地人离开队伍。他们计划取道最近的路回家,即翻越祁曼塔格山和托库兹达坂。作为对他们所经受的艰辛的补偿以及对他们所提供的无可指摘的服务的回报,我付给他们的报酬是原来所约定数目的一倍,另外还给了他们大量的供给品、一些绵羊以及我们那些已经筋疲力尽的牲畜,不过这些牲畜需要一些时间来恢复气力之后才能走上返程。

　　我开始组织一支全新的旅行队伍来替代他们。那些蒙古族人一旦意识到我们想要马匹,我的帐篷入口处每天甚至在一天中的每一个小时就都会守着一个或更多想要卖马给我们的人,而且他们索要的价格一点儿都不昂贵。当我重新踏上向东行进的旅程的时候,已经又拥有了一支由20头一等的牲畜所组成的旅行队伍。不过在出发之前,还要先为其中的大多数马匹制作新的鞍具,因为原来那些马鞍中的大部分已经伴随着死在藏北旅途上的那些牲畜而丢失了。帕皮巴依是从事这项手艺的个中好手,蒙古族人为他提供了所需的全部用料,而伙计们的帐篷前面的一片空地就变成了一个制造马鞍的工匠的作坊。

　　至于我自己,则每天都在勤奋地学习蒙古语,同时从那些蒙古族人那里"榨取"关于这一地区的所有知识:它的地理与气候情况、人们的生活方式、他们的宗教等等。这些人当中的大部分都去过拉萨,可以告诉我关于那座城市以及前往那里的途中的许多有趣的事。当发现我对他们的布尔坎(burkhan,赤陶制的佛像)被装在一个嘎乌(gavo,小匣子)里并戴在脖子上感兴趣时,他们立刻就将那些玩意儿取来并且以低廉的价格卖给了我。他们更害怕彼此,而不是害怕我。他们只有到了四下里漆黑一片的夜晚才带着布尔坎到我这里来,还会乞求我将其严密地藏在箱子的最底层。这些布尔坎都是在拉萨制造的,工艺精良,我

● 用来装布尔坎的银制或铜制的小匣子(尺寸为实物的1/6)

● 来自拉萨的赤陶制的布尔坎（尺寸为实物的1/2）

所遇到的每一位蒙古族人都戴着一个。用来装它的小匣子常常是银制的，外面雕刻着精美而新颖的图案，还镶嵌着绿松石与珊瑚。而朴素简陋一些的匣子则是用铜或是黄铜制成的。

不久之后，我就与音根察汗郭勒的居民关系亲密。每当我拿出铅笔画速写草图的时候，他们就会在我的帐篷外围成一圈。每当我走进他们的帐篷，他们总是预备着用茶和糌粑来招待我。从他们身上，我观察不到一丝一毫的害羞或是戒备之意，同时他们并没有心存偏见，也不迷信。当我给他们画速写草图时，他们就安静地一动不动地坐在那里，其中有些人甚至允许我给他们做人类学的人体测量。他们唯一有所顾忌的事，是我想让他们背靠在帐篷柱上以便我为他们测量身高，而他们总是担心我的手会碰到他们的头顶。或许其中的原因和他们用将布尔坎举过头顶的动作来表示尊敬的原因是一样的。

柴达木的蒙古族人实行一夫一妻制，这里的妇女享受着无与伦比的高度自由。她们不仅可以在蒙古族人特有的那围着火堆的聚会中占据一席之地，而且其着装可以称得上是相当暴露。她们只是用带子将所穿着的羊皮从左肩部系在身上,而腰部以上的整个右半边都无所遮蔽。我不会冒昧去询问和证实这种不合理的人体暴露是否有助于维护对婚姻的忠诚度,我只能说,这里的蒙古族人已经彻底习惯于这种风俗,因此他们认为这是完全自然的。

停留于音根察汗郭勒的第一天,这一带蒙古族人的头领琐奴姆(Sonum)就来拜访,并带着牛奶、发酵的马奶以及用马奶做成的烈性白兰地作为迎客的礼物。马奶做的白兰地酒的味道很不适口,不过其酒劲一定很大,因为帕皮巴依在鲁莽地尝试着饮用之后,就在一整天之内都什么也干不了了。头领琐奴姆披着一件火红的斗篷,戴了一顶皮帽,上面缀有纽扣与长长的带子。

我在第二天对他进行了回访。在他那宽敞的帐篷里,一个小型的家用神龛竖在正对着入口的地方。神龛由许多盒子组成,它们一个堆在另一个上面,最顶部则安置了一块平板,其上排列着许多盛着水、面粉、糌粑以及其他奉献给布尔坎的贡品的碟子与杯子。我还发现了圣像、祈祷用的转经筒以及来自拉萨和扎什伦布(Tatsilumpo 或 Tashilunpo)的布尔坎。任何一个停下来观瞻这些布尔坎的人,都必须把烟斗从嘴里面拿出来,也不准冲着它们呼吸。当我由于疏忽大意而违反了这一规定之后,布尔坎被举到一个撒了芬芳的香料的火盆上方来进行净化。除此之外,圣像也不能接触地面。

帐篷的中央生着火,火生在某种铁制的篮子中,篮子上装配了三根竖着的杆子,用来支撑煮饭锅。生火所用的燃料包括柽柳的枝条以及其他植物的根。吃饭的时候,供给客人的菜肴被放置在他们面前的小凳子上。简而言之,这蒙古包比柯尔克孜族人的帐篷要设施齐全。在蒙古族人自己的语言中,他们的帐篷被称作"örgö",这种帐篷甚至于在细节上都与柯尔克孜族人的帐篷相似。值得注意的是,这种形状的帐篷在遍及整个中亚的广袤地区都可以看到,不同种族的人们都在使用它,尽管他们彼此之间并不存在直接的相互交流关系。搭帐篷所用的材料在这些地区都有出产,而帐篷的形状是最实用的,能够容纳进最大的空间。在头领的帐篷外面,有一支插在地里的矛作为标志。

在营地的周围生长着不计其数的品质格外优良的柽柳,它们看起来更像树,而不是灌木,蒙古族人从中获得他们的食材、木盆、鞍架、帐

701

篷柱以及其他形形色色为自己服务的东西,而其他家用器具还有面粉以及类似的物品,他们都是从西宁府获得的。

我们的蒙古族朋友们是彻彻底底的游牧部族,当他们的羊群与牛群吃光了一个地方的草场,他们马上就会转移到另外一处草场。

他们将家什巧妙地位于一条干涸的溪流的河床上,这样他们就可以在一个黄昏之内完成喂牲畜喝水的工作,而水是从一个不超过4英尺深的水井里取出来的。他们看起来把主要的精力都放在了养马上,整个这片地区都回响着马的嘶鸣和长啸声。傍晚时分,妇女就去给母马挤奶,因为蒙古族人的日常饮品就是马奶酒或是发酵的马奶。他们还喂养了大量的绵羊、骆驼和长角的牛。他们从不从事农业生产。

停留于音根察汗郭勒的全部时间内,我们一直被绝佳的好天气所眷顾。天空晴朗而平静,中午时分,气温升至59℉(15℃),事实上,帐篷内简直太热了,我宁愿只穿衬衫坐在里面。另一方面,夜晚还是像在藏北的群山里那样寒冷。

这里的景色很不错,尤其是在其染上落日的余晖之时。在落日那紫红色的光芒的映照之下,帐篷、柽柳以及作为背景的群山,特别是南面的察罕乌拉(Tsohan-ula)山脉,都在清澈透明的空气中凸显出清晰的剪影。

傍晚,当人们忙于照料牲畜的时候,营地中呈现出一派十分繁忙的景象。戴着宽大的毡帽、拖着长长的辫子的妇女们在肥壮的母马与咩咩叫个不停的母羊中间忙碌着,而男人们则在一队黑色长毛犬的协助之下将羊群赶回羊圈里,犬吠声吵闹不堪,造成可怕的喧嚣。然后,我的伙计们从一天的工作中停下来,他们聚集在火堆周围吃晚餐。这整个场景,包括从蒙古族人那半开的帐篷中透出的闪闪火光,都充满了温柔的平和之美,我完全被这种美所折服。在山野里那几乎脱离尘世的寂静之中,我们似乎回到了夏日的气候环境里,我们还可以到处走动和用劲去做什么事情,却不再受到气短的困扰,因为我们现在所处的位置海拔还不到9240英尺。

尽管我的随从们把蒙古族人看作是野蛮人,不过双方还是努力在一起相处得很好,并且费尽力气地试图理解彼此要表达的意思。

每当看到道尔奇使用挤眉弄眼的鬼脸表情和极其夸张的手势,却怀着无比的深沉和庄重而努力想让我的伙计们明白他想说的是什么的时候,我笑得肚皮都快要破了。他极尽自己高音极限地冲他们大喊,仿佛他们都聋得像块石头。他的面部肌肉扭曲来扭曲去,似乎这张脸是用古塔胶做成的。他跳起来,像只大公鸡一般拍打着自己的双臂。当听众们终于理解了他的意思的时候,他简直乐不可支,大声地笑个没完没了,就像一个瓷玩偶一般不断地点头,完全沉浸在强烈的自我满足感之中。

第
八
十
五
章

# 穿越柴达木沙漠

10月12日。当太阳初升之时,我们的营地里回响着嘈杂声,充斥着忙碌的身影,洋溢着每一支全新的旅行队伍在第一天出发的时候都具备的兴奋之情。行李被称了重,排列成一对一对的,再分给不同的马匹,这样那些最需要小心搬运的箱子可以被交付给最安静沉着的牲畜去驮运,而诸如帐篷和供给品之类的比较沉重比较粗糙的行李,则让胆小易惊的马来运输就可以了。

蒙古族人营地里自头领而下的每一个人都已经起来了,他们热切地为我们提供绳子以及任何我们需要的物品。妇女们送给我们足够喝两天的奶作为临别礼物。甚至当旅行队伍已经在路上行进了一段距离之后,还有一个年轻人追了上来,他想把自己的布尔坎卖给我,而之前一直鼓不起足够的勇气来做这件事。

由大约20匹马所组成的马队表现很好,在经验丰富的向导道尔奇带领之下,以飞快的速度向东行进。我祝贺自己拥有了这样一队作为新鲜血液的健康状况良好的马匹,在经历了原来那只可怜的队伍在藏北的湖盆地中间的苦苦挣扎之后,这真是件令人相当宽慰的事。

而地貌外观的变化也是如此之大！我们现在正骑马穿过一片平坦

的大草原,这片土地被繁茂青翠、郁郁葱葱的植物所覆盖。我们沿着一条被踩踏出的小径前行,它划出很好走的弧线,蜿蜒穿过平原。不过在我们的左侧,就是柴达木那犹如无边无垠的汪洋一般的沙漠。唯一能够看到的山脉是位于我们右边的遥远的察罕乌拉山脉。行走于山脉之间时所经历的那些地貌的错综交替、景致的不断变化以及因之而来的惊喜等使我一直忙碌的因素现在当然都没有了,于是我几近于无事可做。这里的地貌是高度一致化的,溪流造成的沟壑与其已经干涸的河床是地表唯一具有差异性的变化。在巴噶纳马噶(Bagha-namaga,小泉),我们停下来饮马,行进了17.5英里之后,停在了霍杰郭勒(Hoje-gor)大草原过夜,那里的水草非常丰茂,燃料也很充足。

10月13日。从西面刮过来一阵相当凛冽的风,在空气里扬起尘土,遮挡住了群山。这天,我们向着东南东方向行进,有时候穿过凹凸不平的荒漠,那里的土壤中浸满了盐,有时候穿过点缀着芦苇滩的大草原,稠密的芦苇在其上繁盛生长。这一路上还越过了数量众多的干涸的沟壑。在行进了19.5英里之后,这一天的行程终结于察罕(Tsakha),那里有一个由10顶帐篷所组成的营地,帐篷数量与音根察汗郭勒营地的一样多。那些人的头领友好地迎接我,并把我领进了自己的帐篷,我在那里看到了他的家庭成员,都正忙于用柽柳枝子做马镫,然后再把皮子蒙在上面。

第二天,小路更加偏向于北方,而且将我们引入一片面积广阔的盐沼泽之中,当然在这个时候沼泽已经干了,但对于马匹来说,这样的地面仍然很容易让它们产生疲劳,因为上面那些旧的蹄印都变成了一个个陷阱般的坚硬的小洞。我们不时能看到远方的帐篷小村落,以及由男孩和妇女看护着的羊群。从这里到音根郭勒河还有16英里,那是乃金郭勒河的第三条支流,因此,当晚我们就把营地建在了在35号营地时第一次遭遇到的那条溪流边上。

傍晚时分,一群蒙古族人前来拜访我们,带着用铜制容器盛装的白兰地酒以及一块产自拉萨的布,他们急切地想把这些东西卖给我们。我们的拜访者和道尔奇都过于沉湎于铜制容器中所装之物,结果他们借着酒劲儿吵嚷起来,并且向我的随从们发出挑战,要求进行一场摔跤比赛。而在这比赛当中,那些烂醉的蒙古族人却始终能保持极大程度的冷静和镇定。赛后他们就熟睡过去，睡得又死又沉。第二天早晨他们觉得头痛，于是请求我在此地再停留一天，但被我拒绝了。

　　我们出发之后的第一件事就是跨过音根郭勒河宽阔的河床，它足有 0.25 英里宽，但里面几乎没有水，不过河道两边的斜坡都有 16 英尺高，说明此河在夏季的时候会涨成一条具有相当规模的河。河床上撒满了砾石，它弯弯折折地向北，朝着柴达木的中心大盆地蜿蜒而去。溪流另一边的景致呈现出与先前一样的单调的统一性。地表平坦得如同傍晚时分的大海，寂静而荒凉，大草原向着每一个方向延展，任何地方都看不到一只活物，无论是驯养的还是野生的，也没有什么东西能够吸引你的目光。

　　在行进了 16.75 英里之后，我们在一个被称作乌尔都托列赫（Urdu-toleh）的地方宿营，那里的水和草都很充足。与我的随从们的做法相反，蒙古族人一旦停止行进，就会把他们的马放出去吃草。

　　10 月 16 日，行进了不到 12.5 英里之后到达托格得赫郭勒（Togdeh-gol），海拔为 9140 英尺。作为一条普遍的规则，柴达木的蒙古族人每天的行进距离都很短，因此就不难理解他们为什么要花两个月时间才能到拉萨，要走上 43 天才能到达西宁府。

● 柴达木的蒙古族人的营地

夜晚十分寒冷,最低温度降到了3.2°F(−16℃)。温度计上所显示的气温比在藏北的时候又下降了许多,而那极端寒冷的内陆冬季已经近在眼前了。白天的天气很好,非常晴朗,我们能够清楚地看到南面那被称作坎然昆乌拉(Kharanguin-ula,深色山脉)的山脉。托格得赫郭勒河在一条又深又窄的峡谷的底部流淌,很难在不被水打湿的情况下越过那里。我们在河对岸停下来,在一丛柽柳间休整,在条件允许的情况下尽可能让自己舒服,因为我已经决定要让这些马匹休息上一天。

在这里,我们的朋友兼向导道尔奇与我们道别,他将返回自己在山里的孤独的家,重操猎杀野牦牛的旧业。他担心妻子已经开始为他的迟迟不归而操心忧虑。我另雇了一位名叫劳普森(Loppsen)的年轻的蒙古族人来取代他。劳普森是体格笨重的大块头,曾经去过好几次拉萨和西宁府,掌握着关于我们所穿行的这片土地的丰富知识。劳普森是我所雇过的最好的随从之一,他总是兴高采烈,生气勃勃,并且不断丰富和更新着我的蒙古语知识。他让我得到了好几个布尔坎和唐卡。我不知道他从哪里搞到的这些东西,很可能是从我们的邻居那里偷来的,因为他极其害怕那些人看到它们。

10月18日。下一阶段的路程的长度约为16.75英里,将把我们带到托列赫。劳普森会于第二天再过来,他经我允许留在了后面,来为自己装备一些口粮和一匹马。根据安排,应该由另一个人把我们带到托列赫,但我们并未见到那人的踪影,只好在没有向导的情况下出发。事实上我们也真的不需要一位向导,因为道路非常好找。

一开始,我们穿过一片带状的柽柳林,柽柳长得很高,彼此之间挨得也很紧密,以至它们看起来就像是一片刚刚栽种的树林。在这一段路程中,我们经过了一个十分奇特的敖包。几条绳子悬在路的上方,其两头分别系在路两旁柽柳丛中的枝条上,绳子上缝着五颜六色的布片,每一片上都写着那句常见的祷告真言。除此之外,在布片中间隔一段距离还悬挂着一块绵羊的肩胛骨,上面同样刻着"唵嘛呢叭咪吽"。其呈现的效果令人想起森林麻扎,差别仅仅在于它更加美观,更加具有装饰性。

在我们正接近一个水池的时候,一队骑马的蒙古族人赶上了我们,承他们相告,这里就是托列赫,而若从这里继续向东走的话,要行进整

707

整一天的漫长路程才能再次到达有水的地方。因此我们认为在这里扎营将是有利的。我们还从他们那里购买了一袋大麦,这非常对我们那些马匹的胃口。在柴达木,所有种类的谷物都极其稀缺。蒙古族人从西宁府采买小麦,而大麦只生长在很少的几个地方,其产量也远远不足。

劳普森第二天赶了过来,指引着我们在行进了16.75英里之后到达被溪流严重侵蚀的哈塔尔(Hattar)。现在我们能够清晰地观察到,北面也有一条山脉,劳普森将其称为库鲁库音乌拉(Kurlykuin-ula),并使我了解到,这条山脉形成了柴达木盆地的北部边缘。那天傍晚,我们探讨了我所计划的前往西宁府的旅程,劳普森认为我得用30天时间才能到达那里。他说青海湖那一带的唐古特人中有很多臭名昭著的小偷与强盗,因此穿越他们的地盘时一定要随时保持警惕。他对于我们是否拥有足够的武器装备心存疑虑,但当我向他展示了我们的3杆来福枪和5只左轮手枪之后,他显然轻松了许多。他又进一步告诫我,在库鲁克湖(Kurlyk-nor)及其以东地区,我们必须做好准备来应对口粮的短缺。

10月20日,我们行进了12.5英里之后到达腾赫里克郭勒(Tenghelik-gol),其间在柽柳丛和芦苇滩中穿行,也穿越了寸草不生的沙漠。南面那条山脉现在被称作诺蒙根乌拉(Nomoghin-ula)。蒙古族人似乎对同一条山脉并没有统一的命名,只有一系列当地人叫的名字。哈塔尔和腾赫里克的溪流如同我们后来所越过的在巴彦郭勒(Bayan-gol)、卡拉乌苏(Khara-ussu,黑河)和布伦吉尔郭勒(Bulunghir-gol)等地的溪流一样,都流入一个被称为霍鲁逊湖(Hollussun-nor,芦苇湖)的盐湖。而另一方面,乃金郭勒河则继续向西流,最终注入道拉赞淖尔(Döulätsän-nor),这个湖泊在欧洲人绘制的地图上一般被标注为达瓦逊湖(Davassun-nor)。但这个名称却是具有误导性的,因为这只是个普遍的统称,在柴达木,几乎每一个咸水湖都被称为"达瓦逊湖"。

第二天,我们行进的路线稍微有一点斜向北面,南面的山脉也因此在视线中变得更加模糊,而对面的山脉则变得更为清晰。我们在沙漠和大草原中行进了17.25英里之后到达奥瓦托古鲁克(Ova-tögöruck),在那里,我们像往常一样受到了几顶蒙古包中的居民的友好接待。这些人属于塔杰汗乌尔(Tajehnur)蒙古族人中的一个重要氏族或部族，我对他们进行了一些有用的人种学测量。

他们穿着宽大的羊皮长套衫，在腰部系一条带子，不过他们把长套衫从腰带下向上拉起，如此一来，套衫腰以上的部分就在两边都膨胀起来，看起来就像是塞进了一对垫子。他们将里面的空间当作口袋用，在某些时候它还能够充当装口粮的袋子。他们还用一个小一些的腰带在身侧挂着刀、烟斗、烟草袋以及一把为了防止胡子长得过于浓密而用来拔胡子的镊子。他们的靴子的足尖处是带尖的，帽子有带尖的也有圆的，而他们盖在脑袋上的东西往往不过是一块毡子，从前额拉过去，在脖子后面打一个结，有的时候他们甚至不戴帽子出门。依照习俗，他们的头发留得很短，基本上是齐根的，常见的颜色为棕色或黑色。

与生活在蒙古本部的喀尔喀(Khalkha)蒙古族人相比，柴达木的蒙古族人的辫子要罕见得多。由于长期在露天生活，他们的皮肤呈现出古铜色，尽管必须承认的是，这种颜色的出现在很大程度上是因为尘土的堆积。他们的牙齿又小又黄，但似乎能长久地保持坚固。他们的颧骨高而凸出，鼻子则相当扁平，也很小。他们的头部像球一样圆，前部平阔，胡子长得很慢，一个男子通常要到30岁的时候下巴上的细毛才能发展成胡须，而那胡须也极其稀疏。

在奥瓦托古鲁克，我们设法为马匹搞到了两三包谷物，并且买了一匹年轻的母马来驮它们。由于我们此后还要经历若干天的沙漠旅行，现在得到的谷物真是富有价值的收获。

我们在这里休整了一天，斯拉木巴依抓住机会翻开我们盛放供给品的箱子来清查存货，从而让一包咖啡豆重见天日，同时被找出来的还有亨德里克斯神父一年多以前送给我的一瓶糖浆。对于一成不变的茶而言，咖啡成为一个使人惬意的变化，而糖浆则提供了饭后甜点。

10月23日。道路向东北方向倾斜，我们即将穿越柴达木的中心沙漠区域，植物变得越来越稀疏，也越来越罕见，终于完全看不到了。地面光秃秃的，寸草不生，而且又粗糙又潮湿，常常由于盐的大面积浸入而呈现出白色。我们又一次在枯燥单调的沙漠中艰难前行。走到一半的时候，我们按计划从浅滩上徒涉卡拉乌苏。我们遇到的它的第一条支流非常小，混浊浓稠的河水以一种几不可察的缓慢速度在泥泞的河底徐徐前进。第二条支流已经干涸了。接着我们碰到了第三条支流，它深深陷入地下，又极其狭窄，以至我们直到走到其边上，也就是事实上只有几匹马的距离那么近的时候才发现了它。河岸上都是湿滑的黏土，从岸边到河底的坡度很陡，于是我们就得在两岸各开辟出一条倾斜的小径便于马匹上下。

劳普森知道那浅滩在哪里，他先骑着马下河，可是他的马刚走了几步就陷入稀软的泥中，一直陷到淹没了前鞍，令其骑手的腰部以下全都被打湿了。斯拉木巴依从另一处进行尝试，但他的运气也一样糟糕。伙计们骑马沿着河岸上上下下地寻找，试图找出一处更适宜横穿的地方，却发现无论朝哪个方向走，河道都比此处更窄更深，而且劳普森坚持说，这里就是唯一能够徒涉卡拉乌苏的浅滩。他惊诧地发现河里居然有那么多的水，只能将其归因于过去几天内天气的反常温暖，以及佛像山（Burkhan Buddha）山上充足的降雪。佛像山是南面的一座山，其顶峰的皑皑白雪闪闪发光。河水毕竟只不过三四英尺深，但不幸的是，马匹在稀泥中陷得厉害，甚至还有被牢牢地粘在里面不得脱身的危险，如此一来我们的每一个行李箱都会被完全浸湿，而这样的事情绝不能发生。

当天仅仅行进了不到7.5英里的距离，但只能停下来支起帐篷，除了等待水位下降之外我们别无选择。这实在是恼人——被一条至多不过40英尺宽的甚至都称不上是河流的可怜兮兮的水道阻挡在这里，还被迫在如此凄凉的荒原上休息，这里除了一小块芦苇滩之外没有其他任何植物。"要耐心！"当无休无止的西风刮过广阔的荒漠时似乎这样对我说。耐心！我们的停留很大程度上都是由这西风造成的，因为正是它像道水坝一样阻止了河水的西流。

帐篷搭建起来，马也被放了出去，一根刻了标记的木棍也被沿着河岸插到了水里，我们凭此可以判断水位是上涨还是下降了。到第二天清晨，水位仅仅下降了0.75英尺，芦苇滩上的芦苇已经被牲畜们啃出了根，因此，我派劳普森和其他两三个人带着马返回奥瓦托古鲁克的草场。强烈的西风带着前所未有的凶猛势头一直刮着，迎风那面的帐篷顶盖被吹得就像是一只给撒掉了一半气的气囊，里面的空间严重萎缩。那些压在卷进来的帐篷边上以图将其牢牢固定的行李箱都抖动着、摇晃着,帐篷的支柱也在嘎吱作响。每时每刻,我都想象着会看到自己的帐篷像一只风筝一般飞到河对岸去。

为什么我的旅程中会出现这样一个障碍?我无时无刻不在问着自己,因为我现在变得越来越迫不及待地想要回家,每天都在数着这一天走过了多远的路程。距离我上一次得到家人的消息已经过去了整整一年时间,现在的我非常孤独,非常寂寞。我孤身一人在广袤无垠的亚洲大陆的中心地带已经待了三年多,我想我也许永远也走不出这海洋一般广阔的地域!每一天,最能令我得到特别乐趣的事就是计算我们又将一天行进距离的记录提高了多少,然后将这天的行进里程从自己与那遥远的目的地——北京之间仍然延伸着的上千英里距离中减出去。从卡拉乌苏到北京,还有1260英里的路程。以我们现在这极慢的前进速度来穿越如此漫长的距离,我需要准备多少耐心啊!而在我们疲惫的马匹踏入那座远东的著名都城的西大门之前,还有多少艰险在等待着我们?

我已经开始厌倦像个无家可归的流放者一样游荡。我已经与他们相当熟悉了,而现在则渴望回到我自己的同胞和亲人之中。我的随从们,他们生活中的那些故事、他们的信仰、他们所懂得的知识,这些我已经都完完全全了解了,我热切地渴望着交际群体的改变。

到10月25日早晨,河水的水位终于下降到了我们足以越过的地步。箱子都被系在马背上尽可能高的地方,而且每一匹马都被单独牵着过河。但是每一只涉水而过的动物都搅拌出新的烂泥,

● 一位蒙古族乞丐

711

以至最后通过的那几只在泥里陷得最深。不过无论如何，所有动物都平安无事地过了河。我们一到达河的右岸，就立即重新调整了马背上的行李，从那里我们再次上路。

小路几乎完全笔直地穿过一片荒凉的土地，伸向北北东方向。此后不久我们就越过了卡拉乌苏的主河道，然后又跨过了布伦吉尔郭勒。在这样的地表骑行并不是很舒服，因为地面由硬脆的泥土构成，是有些偏棕色的灰色，它浸透了盐，像条锯齿状小路似的，上面满是小洞与不平整的小坑儿。不过这里完全没有流沙。在我们所穿越的地方，柴达木盆地的该部分并不是特别辽阔，在骑马行进了15.5英里之后，植物的身影再次映入我们的眼帘。但是在我们的下一处宿营地察罕特沙赫（Tsakha-tsak）没有水源，不过劳普森已经事先提醒过我们这一点，因此我们用山羊皮储备了足够的水。

还要走1240多英里，我们才能到达北京！

第
八
十
六
章

# 穿行于湖泊之间

　　10月26日，我们行进了24.25英里的漫长路程，从而接近柴达木盆地的北部边缘。地貌特征没有表现出任何变化，我们继续沿着原来的方向前进。在出发之后不久，我们就得面对一串低矮而寸草不生的土山丘所组成的"猪拱背"，它们挤挨在一起，形成各种造型独特的形状，有的像高塔，有的像一面墙，有的则像金字塔。一直以来笼罩大地的肃穆的荒凉与寂静被几丛营养不良的柽柳和梭梭给打破了，只有上帝才知道它们是如何在这种地方挣扎着维持生命的，因为这里的地面干燥得如同火绒一般，而我们在这整整一天时间之内没有见到过一滴水。我们翻过了一系列低矮的尽是泥土的山口，其中的第一座上面有一个敖包作为标记，而最后一座上面则有一个"标志杆"，是用梭梭的枝子和根搭起来的，它们被捆扎在一起形成拱形。这些山丘间地面非常平坦，因为含盐而呈现出白色。劳普森说，下过雨之后，这些地方都会溢满水。

　　山丘群另外一侧，一望无际的平坦是寸草不生的大平原在眼前伸展开来，一直到目力不可及之处。平原上铺撒着沙子，不过这样的地面对于我们那些疲惫的马匹来说很好走，而马匹现在都急迫地想要饮

713

水。最后，我们终于瞥见了一个湖泊，那是托逊湖（Tossun-nor），它镶嵌在泥土的阶地与山丘中间，而陡峭的山丘就坐落在湖边上。在这里，我们沿其行进的这条道路与到藏北的道路会合到了一起，普尔热瓦尔斯基曾经描述过那条路。

我没有选择继续朝着东北方向走，尽管那段路的距离要短一些，相反，我宁愿沿着湖泊的西岸行进，以便对其整体的形状有所认识，同时还可以考察那些注入其中的溪流在河口处的情况。因此，我们骑马走下山丘，沿着水边窄窄一条平坦的土地行进，整个美丽的蓝色湖面就紧贴着我们的右边。湖上有两三个岛屿，水面上还浮着一群气质高贵的天鹅，它们全身的羽毛白得耀眼。湖的对岸明显而清晰，在湖泊的东北角有一座精美的白色敖包。

湖水的味道是难以想象的咸，湖岸的土地以及生长在上面的稀疏的草丛都像被撒了一层白粉，仿佛是覆盖着白霜。最后，我们终于到达一处合适之地，那里的芦苇在灌木丛中长得又高又繁茂，而且我们还在那儿找到了淡水。事实上，这个地方被称作察罕纳玛噶（Tsagan-namaga，白泉）。我们就在此处搭起帐篷，而这是一处适宜的扎营地点。我现在明白了这个湖泊是怎样得到"脂肪湖"的诨号的。劳普森解释说，无论是谁在此湖边休息都能够找到自己所需要的所有东西——水、草、燃料，事实上这些东西就相当于大地所能提供的自己最精华的脂肪。

这是一幅多么美妙的景致啊！而色彩的变化是如此之丰富！当太阳落山之时，对岸的山丘与阶地在鲜亮的蓝色湖水的映照之下闪耀着砖红色的光，而高贵的天鹅就平静安宁而漫不经心地浮

● 我的蒙古族向导劳普森

在湖面上。在月亮的神奇光线之下，这场景的美也没有丝毫的减损。月亮这个夜的女神将夺目的光彩洒在夜空中那些斑斑点点散落四处的薄云之上。湖面平静得像一块玻璃，没有一丝气流将其搅动。帐篷和柽柳周围被黑色的芦苇滩围了一圈，它们的轮廓清晰而鲜明。在水边的湖岸上，沉积的盐堆像是刚刚落下的雪一样闪闪地反着光。当我怀着孤寂的心绪漫步在湖边的时候，我的目光恍恍惚惚地掠过湖水，而我的精神完全被其迷人的魅力所俘获。

第二天，我们沿着湖岸向北行进了一段时间，但地势较低的湖边地面渐渐变得不好走，于是我们向上来到了开阔而平坦的阶地之上，那里的地面上铺撒着粗糙的沙子和砾石。我们越过一个深深的干涸的沟壑，沟里很有可能只在夏天的雨季才会有水，向其尽头望过去，我们瞥到了托逊湖，它通过一个入口与之相连。然后我们走进一块广阔的漏斗形的洼地，霍伦郭勒河（Holuin-gol）就流经这里而注入湖中。但我们并没有跨过河流，而是拐到了其右岸。这里的地形极其不利于行进——同样还是那些由长着柽柳的小丘、泥土山脊、沙丘以及我们曾在旧罗布泊的东边与之奋力斗争的灌木丛所构成的复杂的迷宫。能够经其徒涉霍伦郭勒河的浅滩上耸立着邦及姆（Bongkim）敖包，那是小型的正方形礼拜堂，里面有一块石板，上面鲜明地刻着那句万古不变的祷告真言。河流100英尺宽，最深处却还不到3英尺。河底十分坚硬，河水如同水晶一般清亮，牲畜们过河的时候没有弄湿任何一件行李。

在此之后，小路几乎直向东去。在我们右边一段距离之外是托逊湖的北岸，而在我们左边，也就是在北面，是一片湛蓝，那是更大的库鲁克湖（也被称作"卡拉湖"）以及霍鲁逊湖，后者的南面紧邻着一道宽阔的芦苇带，黄色的芦苇几乎将霍伦郭勒河从湖中流出之处完全隐藏起来，这条河最终流进托逊湖。而在另一面，湖的北岸，看起来完全没有生长芦苇，青海南山的那些光秃秃的荒凉的山坡直接斜到了湖面之下。

大自然真是鬼斧神工，在这地方设计出两个湖泊，而不是一个。巴尔顿河（Balduin-gol）、巴音郭勒河（Bayin-gol）和阿利坎尼河（Alikhani-gol）以及几条小溪，流进库鲁克湖中。从湖里流出来取道霍伦郭勒河

（Holuin-gol）的激流相对来说是甘甜的，因此那些溪流从山里带下来的含盐物质直至到了遥远的托逊湖才会沉积下来。

在行进了将近16英里之后，我们在湖边赫拉吉姆托（Hlakimto）敖包处停了下来。这是我们迄今为止见到过的最美丽的敖包，它建在一块高地的顶上，从很远之处就看得见。这座敖包由三个像祭坛一样的立体纪念碑构成，纪念碑是晒干的泥土所制，放置在锥体的底座之上。11根柱子围绕着它竖直地立在地上，形成了一个长方形。它们被不计其数的线绳系在了一起，同时其他的线绳将四个角上的柱子与位于三个纪念碑的最中心与最高点（高度为11英尺9.5英寸）的第12根柱子角对角地连接在一起。线绳上缝着成千上万五颜六色的小旗子或布片以及绵羊的肩胛骨，所有这些悬挂物上都有那句永恒的佛教祈祷用语"唵嘛呢叭咪吽"。在中间的那个纪念碑上有一个四方形的大洞，劳普森将胳膊挤了进去，掏出来一卷又长又窄的纸条，上面写满了草体藏文。他说还有埋在敖包内部的布尔坎，不过他可不敢乱动那些圣物。

我的伙计们告诉我，赫拉吉姆托敖包是为了向库鲁克湖的Shibbtik或ädsin表达敬意而修建的，正如察罕的敖包是为了向托逊湖的Shibbtik致敬而建。劳普森为我解释说，Shibbtik是守护神祇或精灵，他们是有生命的，就像人一样，但是凡人的眼睛却是看不到他们的。Shibbtik都是善良的，人们要为湖泊、河流、山脉等事物的存在而感激他们。除了这些神灵之外，还有gadserin-ädsin，即土地神，tengruin-ädsin，即天空神，noruin-ädsin，即湖神，等等。但是沙漠中并没有神灵，因此人们在沙漠中找不到自己最需要的那些东西。

在月光之下，这座敖包呈现出引人注目的独特外观。那三个锥体建筑就像是幽灵一般，而成千上万的三角旗在风中摆动，仿佛在祈求着让某个已离开生命体的沾染了原罪的灵魂得到安宁与平静。夜的寂静被神秘的声响所打破，是不是湖神在暗色的平滑湖面上愉快地舞蹈？不，那只是野雁在芦苇丛中召唤彼此。越过夜的黑暗，可以看到两三点红色的火光在湖泊的东端熠熠闪耀。

10月28日。小径与湖岸保持平行，向着东南东方向延伸，因此，库鲁克湖就在我们的左边，它的对面，即湖北岸，背靠着青海南山，而在我们的右边是一片荒凉的平原。随着我们的前进，湖泊逐渐缩小，湖水的位置越来越被芦苇所侵占，不过还是在南岸留下了窄窄的一条地表水。我们在这荒野中很孤独，看不到其他任何活物，尽管时不时会遇到横在路边的马匹的骸骨，显示出人们曾惯走那条路。自从离开腾赫里克之后，我们再也没有遇到过一个骑马的蒙古族人。劳普森说，越是往东走，路途就会变得越发不安全，因为发生强盗掠夺事件的几率会越来越大。不过在湖泊的最东端，我

● 赫拉吉姆托敖包上的祭品

们看到远处有两三顶孤零零的帐篷。我们并未作停留，而是继续向着阿利坎尼河（15.5 英里）前进，由于浓密的芦苇滩的遮挡，我们看不到这条溪流注入湖泊时的入水口。湖岸上湿地与沼泽密布，地面很不可靠却又具有欺骗性。在一个看起来相当坚硬的地方，斯拉木巴依连人带马深深陷入湿软的稀泥之中，伙计们费尽力气才把他的马给拉了出来。在这一天的行进过程中，我们损失了新加入队伍的马匹中的第一匹。

　　10 月 30 日，我们骑马跨过了巴伦阔维尔（Barun-kövveh，阿利坎尼河南面的支流），在我们的左边是逊乌拉（Tsun-ula）山脉（北山）。蒙古的地理命名通常就是这么简单。我们只瞥了一两眼那条溪流的一小部分，因为其河床深深地切入松软的泥土之下。前一天夜里非常寒冷（气温为 $-8.7℉$，$-22.6℃$），于是在激流中翻滚着几层冰，急剧地撞击着河岸或是彼此磕碰。通向索尔格祖（Sorgotsu）的道路长度为 17.5 英里，

它穿过沙漠，其间间或点缀着小沙丘、芦苇滩与草地。

现在，劳普森已经不复原先的兴高采烈了，他沉默地骑马前行，情绪低落，眼睛一直紧紧地盯着前方的路，整天都在喃喃地念叨着"唵嘛呢叭咪吽"。我询问他为什么如此闷闷不乐，他摇摇头回答道："我们现在正在踏上一片危机四伏的土地。"当我们在阿利坎尼河休息的时候，他看到的两个蒙古族人告诉他，就在几天之前，这一带的强盗光顾了库鲁克湖并且盗走了一些马匹。他请求我们一定要把火器随时准备好，因为即使我们还没在路上遇到任何强盗，但他们其实就躲藏在山中，从那里窥探着我们的一举一动。我们在夜里燃起的火堆会将他们引来，而到时候如果损失的仅仅只是马匹的话，我们就应当感到万分幸运。于是，我取出了来福枪和左轮手枪，将其分发给旅行队伍中的伙计们，同时还给每个人发了一些弹药。不过索尔格祖寂静而荒芜，无论是在草地那边还是在山脚下，我们都没有看到一点儿火光，也没看见丝毫人类活动的痕迹。我们放心了不少。不过谨慎起见，我们还是在天黑之后将马匹带回了营地，直到破晓时分才又把它们放出去吃草。而我们的狗是卓越的守夜者，每一丝值得怀疑的细微声响都会引来它们的狂吠。

黄昏和夜晚都十分晴朗、宁静而寒冷。我的钢笔里的墨水早在下午4点钟的时候就已经冻住了，我必须要不停地给它哈气来使其解冻。我取出了那件旧的喀什噶尔皮外套，它已经在行李箱里躺了将近12个月。现在，热茶比任何时候都要受欢迎，而每天傍晚，斯拉木巴依都会给我做一块小麦面包。

我们带着一个用铁皮做的小炉子，现在证明它非常有用，尽管这是我们第一次使用它。斯拉木巴依将小炉子放置在帐篷里的地上，烟囱被用金属丝固定在将帐篷支柱的两部分连接在一起的黄铜箍环或是套节上，其顶端从帐篷的开口处伸了出去。然后，他用干柴棍燃起了炉子，炉膛中发出"噼啪噼啪"和"嘶嘶"的美妙声响。这真是个绝妙的好主意：炉火使得帐篷里面变得温暖、舒适而安逸——就如同我在斯德哥尔摩的书房一样舒适。约尔达西三世对这个新玩意儿完全满意，尽管在一开始听到干树枝噼啪作响以及铁皮加热后发出嗞嗞响声的时候，它曾竖起了耳朵。

　　夜里，我让炉子自己灭去，而在此之后帐篷里就变得如同冰窖般寒冷。不过我对此并不在意，因为我把自己紧紧地裹在毛皮里面，只剩下鼻子还留在外头。我总是在床头放一杯晚餐剩下的茶，而到了清晨，无论杯子里还余下多少茶水，都会被冻成一块冰，当然同样被冻成冰的还有墨水。

　　伙计们的处境也不错，他们燃起了很大的一堆篝火，所有人都聚集在其周围。在索尔格祖停留的这一夜，是我在两年半时间里所经历的最寒冷的一夜，帐篷外的温度是–14.8°F（–26℃），帐篷内的温度为9.4°F（–12.6℃）。

第
八
十
七
章

# 遭遇唐古特强盗❶

　　10月的最后一天,我们骑马穿过一片片草地后到达阔温库都克(Kövveh-khuduk,岸边的泉),它位于卡拉湖南岸,而此湖泊坐落在一个自给自足的小型盆地中央,它将从附近山脉中流出的所有的水流都集于自身,不过现在已经差不多枯竭了。在北边,一系列黄色的沙丘耸立在湖泊与山脉之间,而在湖的南岸,则生长着大量繁茂的牧草。这处泉水略带咸味,但这里距离东边的下一处泉水还有整整一天的漫长路程,因此,尽管我们仅仅行进了8.5英里,却还是被迫在此处扎营。

　　在这个地方,另一个敌人威胁着我们的马匹的安全。我的伙计们在松软的泥土里探查到熊的足迹,它们从山里面跑出来寻找浆果吃。劳普森警告我们一定要看好自己的牲畜,因为熊习惯于躲藏在灌木丛背后等待着,然后从那里对牲畜发起攻击并杀死它们。因此,在这里我们又一次把马匹放出去吃了几小时草之后就把它们带了回来,拴在帐

----

❶　斯文·赫定将唐古特人全部称为强盗。强盗行径属个别行为,不宜专指某一个群体。——本版编辑注

篷之间。

现在,我下令每天夜里都要派两个伙计值班守夜,并且每隔两个小时轮一次班。为了让他们保持清醒,同时也为了让我们知道他们是醒着的,他们被要求每隔一段固定的时间就要敲击两只炖锅——那是因为我们没有鼓。为了抵御睡意的侵袭,他们也可以尽其所愿地唱歌。做了如此的安排之后,当我在夜里醒来时,就会听到单调而忧伤的歌曲就像是悲痛的哭泣一般在营火之间回响着。天刚一破晓,放哨的人就可以去睡觉了,此时岗哨的职责被移交给了我们的狗,如果有任何动静它们就会发出警报。

11月1日。夜晚平静地过去了,无论是唐古特强盗还是熊都毫无动静,我们把来福枪扛在肩上,向着东南东方向进发。当我们进入一个相当宽阔的山谷时,湖泊就迅速从视线中消失了,我们沿着山谷上行。在我们的两侧都是中等高度的山脉,上面的山顶都呈现为锯齿形,没有积雪。道路沿着一条已干涸的雨水水道向上,那是这一地区最重要的排水干道,它蜿蜒于山谷的中间,两旁都是一片片的草地、矮树林和灌木丛。

我们遇到了一只熊所留下的新鲜的足迹,足迹所指向的方向正是我们前进的方向。斯拉木巴依和劳普森都请求我同意他们去追击那只熊,而他们很快就接近了熊,然后这三个家伙都消失在了灌木丛之后。

旅行队伍在右侧紧挨着山脚行进,在路过一个突出的岩石谷肩的时候,我立刻停了下来,与伊明·米尔扎一起对其进行观测。山脉由紫黑色的粘板岩构成,向着 E.160°S 方向的倾斜度是 53°。随后我们跟着旅行队伍继续骑马前行,向着山谷的中部靠近。

大约在一小时之后,我们大吃一惊地看到,斯拉木巴依和劳普森以他们的坐骑所能达到的最大速度纵马疾驰回来,举着来福枪在头顶挥舞并且大喊着:"强盗!强盗!"他们向着我们飞奔过来,在其身后很近的地方跟着一伙大约12个骑在马背上的唐古特人,包裹在一团烟尘之中。我立即命令旅行队伍停止前进:"把驮着行李的牲畜都藏到灌木丛背后,由一个人负责看管!拿出武器!准备好弹药!"

我、斯拉木巴依、帕皮巴依和劳普森跳下马来,脱掉身上裹着的毛皮,然后在两座泥土山丘的顶上占据了哨位。我的随从因为恐惧而抖个不停。帕皮巴依曾经与强盗交过手,因为他曾是达特维尔·德·瑞恩斯旅行团队中的一员,而那位旅行家在两年半之前遭到袭击,并且在唐布达(Tam-buddha)遇害。普尔热瓦尔斯基和罗布罗夫斯基都曾经在这一带被迫投入战斗,因此,我对于事态的严重性有着充分的认识。对方是12个人,据劳普森说,他们当中每个人肯定都扛着一杆枪,而我们除了5把左轮手枪之外通共只有3支来福枪,他们的优势是明显的。劳普森和斯拉木巴依是我们这边仅有的两个枪法还说得过去的人,而唐古特人却个个都是射击好手,他们把火枪架在叉架上冷静地进行长时间瞄准,只有在绝对有把握击中目标的时候才会开火。在这样的形势之下,战斗会以怎样的结局结束? 我的旅行队伍将会被一击即败然后四散溃逃,使我这最后一次旅行的所有艰辛努力都化为乌有吗?

不! 其实形势并不像看起来那么危急。当那伙强盗观察到我们的队伍相当庞大,并且在阳光下遥望到我们所携带的武器的时候,他们就在距离我们大约150步远的地方停了下来。当飞扬的尘埃落定,我们就能够清楚地看到他们。他们挤在一起,比画着手势并且大喊大叫。他们仔细考量过后的结果似乎是:在没有确认我们到底有多少人之前就贸然攻击是不明智的。同时,我们在山丘顶的岗哨上等待着,我继续

　　　　　　　　　　　　　　　　　　　　● "强盗! 强盗!"

镇定地吸着烟斗，而这一举动对安抚我的伙计们产生了明显的效果。我也透过我的野外望远镜观察着那些强盗，因为我总是把野外望远镜带在身边。

经过了大约一分钟吵吵闹闹的讨论之后，强盗们掉转了方向，他们垂直地向着南面山脉的山脚而去。他们在那里分成了两拨，一半人骑马在岩石堆当中沿着一道峡谷而上，同时另一半人继续与我们平行而行，不过和我们之间保持着两个来福枪射程的距离。他们刚一掉头，我们就重新踏上了旅程，所有人畜形成了一个十分紧密的队形。

山谷开始变得狭窄，收缩成某种岩石通道。劳普森担心强盗会加快速度赶到我们前头，然后藏身于岩石中间，当我们于通道中穿行的时候居高临下地向我们射击。但是这里根本没有其他的路可以选择，而掉头返回是连想都不要想的事。因此，我们能够采取的最合适的行动就是试着在他们前面先行到达那个地方，或者无论如何要在强盗占据有利地形之前通过那里。但是与我们相比，他们占有一个巨大的优势：他们了解这山脉的每一个角角落落、边边缝缝，知道这里的所有峡谷、沟壑以及可以藏身之处。此外，我们的马匹还驮着很重的行李，而强盗的马则完全是轻装上阵。因此，他们很轻易地就超过了我们，同时渐渐地把道路封锁起来，而最后则消失于岩石之间。

我们以马匹所能够达到的最快速度匆匆地赶路，拿着武器的人保护着旅行队伍的右侧翼。然后我们看到了强盗。他们已经停了下来，而且看起来并不打算向我们发起攻击。于是我们平安无事地踏上了那条极其狭窄的隘路，不过在我们骑行的同时，手里来福枪上的击铁都已经被扳到了准备射击的位置，而且我们的目光一直都在右边的岩石中间搜寻着。

到了隘路的另外一端，山谷又一次变得宽阔起来，进入开阔地之后，我心里真是深感宽慰。劳普森判断强盗已经从山脉中间抄了小路，意欲在另一个地方对我们发起攻击。他肯定这些人是在前往库鲁克湖去偷马的路上，却在中途回身，期望能从我们的旅行队伍身上获得更加丰厚的战利品。

山谷最终完全扩展开来，成为一片辽阔的平原。在行进了 21 英里之后，我们停在了卡拉沙鲁音库伯（Kharasharuin-kubb），这个地方生长着丰足的优质牧草,还有一个开阔的淡水水池,里面的水来自一处山泉。我们在一块芦苇滩的边上把马匹放了出去,让它们在水池里痛饮了一回。然后我派库尔班·阿洪和艾哈迈德·阿洪看护着马群,别让它们游荡到过远的地方去。

黄昏刚刚降临的时候,马匹就被拴到了帐篷之间靠近芦苇滩的地方。我们特意将为做晚餐而生的火压得很低,并且尽可能地封火,以防火焰帮倒忙将我们所在的位置暴露出去。劳普森对于即将到来的夜晚焦虑万分,因为强盗很容易就会发现我们,而他们则会将自己隐藏于草丛之中。劳普森的担心是正确的,天色刚一暗下来,我们就听到他们在我们的营地周围到处潜行,发出怪异的叫声,像极了鬣狗的嗥叫或是在夜间游荡的饥饿的狼群所发出的拖着长音的哀嚎。不过这正是这些强盗最喜欢用的欺骗性战术,劳普森说,他们采用这种方式来搞清楚自己意欲对其下手的目标那里有没有看家狗。我们的狗并没有留给他们疑惑的空间,因为它们暴怒地狂吠了整整一夜,并且一直向着水池的方向猛冲过去,很明显,强盗们就将自己的马匹拴在水池附近。劳普森甚至找不出足够激烈的词语来表达自己对强盗的憎恨,他认为这些家伙并不比狗更高级,而且他们像狗一样鬼鬼祟祟地潜行,身子放得很低地蹲伏在地面上,把穿在身上的皮毛的边子卷起来,用右手持枪。

不过我们提高警惕监视着强盗的动静,在每一串拴起的马匹的尽头处都设有一处岗哨,放哨的人几乎一刻也不间断地唱歌和敲击炖锅。我们一次只允许两个人同时睡觉,其他人都要接连不断地在马匹与帐篷之间来来回回巡视。差不多每隔5分钟,帕皮巴依就会大喊:"放哨的人还醒着吗?"

劳普森在火堆旁边坐着,沉默不语,只是在烤着自己的双手。但是对于我们当中的任何一个人来说,那一夜都没怎么休息。伙计们不时地踩着脚走来走去,马匹不停地用蹄子扒地并发出嘶鸣,每隔一段固定的时间就会传来放哨的人的叫喊以及炖锅相互碰撞的声音。简而言之,我们被实实在在地围困在这里,而强盗想要出其不意地攻击我们的企图却受挫了,他们没能从我们这里偷到一匹马。

通过这种方式,我们进入了强盗出没的地区,带着这段鲜明的回忆,一直提醒我们要随时保持警觉。

● 我们对唐古特人保持着十分的警觉

　　我更倾向于认为，使我的伙计们保持清醒状态的不是警觉，而是惧怕。我命令他们，唐古特强盗如果开枪射击的话就把我叫起来。有那么一两次，我自己醒了过来，每次都听到他们不间断地大喊着："放哨的人还醒着吗？放哨的人还醒着吗？"在他们相互询问的间歇，传来强盗那怪异的号叫。

　　当太阳升起之后，强盗退后到了一段恭敬的距离之外。可是当我们的旅行队伍刚刚动身启程，他们就立刻扑向我们曾扎营过夜的那个地点。留在那里的空火柴盒、蜡烛头以及撕下来的报纸碎片都会向他们表明，他们这次所对付的并不仅仅是蒙古族人，而这或许会阻止他们继续追击。

　　11月2日，我们基本上笔直地向东行进。我们骑马穿过了一片位于北面与南面的山脉之间的辽阔的大草原，这一天我们至少完成了26.75英里的路程。在好几处地方，我们都遇到了强盗所留下的蜿蜒的足迹，而我的伙计们相信，强盗中有几个人就潜伏在刺入山脉的那些峡谷的入口处。地面很平坦，非常利于骑行，我们保持着相当不错的行进速度，尽管有些马匹的气力已经开始被耗尽。在三处不同的地点，我们都看到了大群的野驴，不过它们全都逃进了山里。这里的地表构造与

725

藏北的十分类似,也是由一连串的没有出水口的自给自足的盆地所组成,不过在这个季节,盆地中的湖泊全都干涸了。我们所进入的第一块盆地中央有一个小湖,第二块里面有一个狭长的湖,被称为"赛尔克"(Serkeh-nor)的湖在沿着湖岸走到一半的地方,竖着一座叫作噶赛尔乌得赛尔(Gadser-udser)的敖包。

湖差不多完全干涸了,我们只在三个地方看到了水,而湖底的其他地方都被厚厚的一层白盐所覆盖。当蒙古族人前往神圣的塔尔寺的时候,他们习惯于从这个地方带走几包盐,带到腾卡尔(Ten-kar 或Donkhur)和西宁府,去做实物交换,可以换来相等重量的炒熟的面粉。在夏季,湖里会注满水,但湖水很浅,如果不是因为湖底的污泥的话,可以很轻易地骑马涉水穿过。湖泊东端的这一地区被称为"奥尔塔尼"(Örtäni),这里既有牧草也有淡水泉。我们的足迹在这里同从逊萨萨克(Dsun-sassak)和诺莫坎科托(Nomokhan-khoto)而来的路线相交会,这两个地方都是柴达木东部著名的蒙古族人营地。我们在奥尔塔尼的泉边支起了帐篷,在夜里保持着与前一个夜晚相同的万分警觉的戒备,但我们并没有受到搅扰,也没听见强盗的叫声的回响。

我们下一阶段的旅程是前往都兰营(Dulan-yung,温水河),行进距离为 15.5 英里。在途中道路偏向了东北方向,将我们引到了都兰河(Dulan-gol)所在的山谷。山谷很宽阔,两边都是长满了草的山丘,一条清澈的小溪横穿过山谷,水量相当大。右边山脉的山顶上覆盖着一片片互不相连的森林,其间所间隔的距离相当有规律,而山坡上则星星点点地点缀着大群大群的绵羊,成百上千的家养牦牛在溪流边上来来往往。

我们在小溪右岸搭起了帐篷,周围的景色绝佳,而强盗的帐篷距离我们并不遥远。

我决心让强盗看到我们并不惧怕他们。我们在路上曾遇到过两个强盗,他们一看到我们就立刻用马刺踢自己的马。但是到了傍晚时分,另外两个人带着长剑终于冒险接近了我的帐篷,他们的衣着与蒙古族人的完全一致,却听不懂一句蒙古话。不过曾经四次前往拉萨朝圣的劳普森略懂一点他们的语言——藏语,因此我可以通过他与他们进行交谈。看到自己受到了态度友好的接待,那两个强盗也就在很大程度上把羞涩丢到了一边,不过,他们仍然不知道应当怎样对待我们。但他们还是卖给了我们一只绵羊,并且供给我们在傍晚喝的牛奶。

我们所精心挑选的扎营地点位于一块类似于小岛的土地上,处在溪流的两个支流之间,那里生长着枝繁叶茂的灌木,我们有十分充足的燃料。从此处可以将整个山谷的景致尽收眼底,小溪生机勃勃地沿着石头铺底的河道潺潺流去。我让人把马匹放到紧邻着的草场上去,并派了两个全副武装的伙计骑在马背上跟着。这两个伙计被下达了严格的指令,一定要整夜都保持警惕地看守着它们。

—从柴达木到北京—

第
八
十
八
章

# 穿过唐古特区域

11月4日，我们在都兰营停留休整，好让那些精疲力竭的守夜人躺下来美美睡上整整一个白天。劳普森继续力劝我们要保持警觉，他警告我们千万不要被唐古特人表面上的友好以及他们卖给我们绵羊和牛奶的便宜价格（一两银子，价值约为3s.1.5d.）所麻痹，从而得到我们已然安全的错误印象，他担心他们意欲通过盗窃来弥补损失。在犹豫了很久之后，他终于被我说服，同意陪我前往我们营地附近的那两个唐古特人的帐篷中看看。一开始的时候，他丝毫不被这个主意所诱惑，而我的随从们也极力劝阻我，不让我去，但我一点儿也看不出那里到底会有什么危险，因为我将态度平和、不带武器地去往那里，把自己完全托付给他们的热情好客。

两顶帐篷都是乌黑的，紧紧挨在一起。我们刚一走到帐篷前，就碰到了6只坏脾气的黑狗。然后一个人从帐篷里走出来把狗都赶走了，在询问了我们想要做什么之后，邀请我们进入他的帐篷。劳普森告诉他，我只是想看看唐古特人是怎样生活的。于是我踏进帐篷，并在火堆旁边坐了下来，两位妇女正在那里忙着煮茶，茶叶与面粉以及黄油一起都盛在一个大罐子里。两人中有一位是这家主人年轻的妻子,她看起来快乐活泼且生气勃勃,边煮茶边给一个吵闹不休的婴儿喂奶。我在帐篷里的时间,她从未把目光从我身上移开过。另一位是个面目可憎的老妇人,身边有一个大约5岁的小女孩。两位妇女和那名男子的衣着都与蒙古族人的穿着方式一模一样,只不过他们把绵羊皮盖在一边,仅仅将左胳膊覆盖起来,余下的那半部分身体在腰部以上都是赤裸的。

那位年轻一些的妇女身材不错,体格很健壮,皮肤是古铜色的。他们大致的外貌特征与蒙古族人十分相似,至少在第一次见到这些人的我眼中是这样的。事实上,如果不是因为他们的语言以及其帐篷的特殊构造,我会轻易地将其归为蒙古族人,但正是那两个因素显示出他们属于另一个不同的民族。在帐篷入口的正对面,有一个家用的神龛,其性质与我所形容过的蒙古族人供奉的神龛完全一致。我们的唐古特主人也在脖子上戴着一个小匣子,里面装着一个布尔坎。

他们邀请我们喝茶,这时我发现了帐篷的不同部分,于是便询问其名称,甚至将那些称呼记录下来。这让劳普森十分不安,他极力提醒我说,唐古特人也许会误解我的所作所为并且以为我是怀着恶意而来。在听到我令人绝望地试图模仿藏语词汇的复杂发音时,两个女人发自真心地哈哈大笑。掌握这些词的发音确实不容易,因它们的开头都人为地堆积着若干辅音。她们无论如何也无法将目光从我身上移开。她们的头发很脏,编成许许多多条细细的辫子从头部四周垂下来,有些垂在肩膀上和背上,有些垂在胸前。在脑后垂得最低的那条辫子的末梢以及脑袋两侧的两条辫子的末梢,分别缀着一个沉甸甸的色彩鲜艳的装饰品,由红色和蓝色的彩带、布片以及五颜六色的玻璃珠子所组成。这些悬垂的碍事的玩意儿每时每刻都拍打着她们的背,而且当她们移动头部的时候一定会觉得很麻烦。

帐篷被设计成正方形,因此很轻易就占据了比一顶普通的蒙古包或柯尔克孜帐篷多两三倍的空间,总体来说,它像是一座低矮的被截去了顶端的金字塔。帐篷的侧边越到高处就越是向内倾斜,而帐篷顶部的形状是一个低低的不规则棱柱。一排支柱从中间撑起了帐篷布,粗糙的黑色亚麻帐篷布是由唐古特人自己纺织出来的。在帐篷顶上留了一道裂缝,以便于排烟。帐篷布用绳子拉紧,而那些绳子的一端系在帐篷的四角或是每一边的顶部,然后拉过帐篷支柱上的一道裂缝或一个分叉,另一端再紧紧拴在埋进地里的木桩上。雨水通过在帐篷四周挖的水槽可以排走。在帐篷的中间有一个火灶,是用扁平的石头很巧妙地搭建起来的,石头一块倚着另一块,中间留出空来用于放置做饭的锅子,石头间还留有小洞作为通气孔。另外他们还用这种石头排成两行,中间用于存放燃料,即牲畜的粪便。

沿着帐篷的三个边都竖着一排排的袋子,有些是用亚麻布做的,有些则是用皮子做的,里面装的是谷物、面粉、脂肪与盐。这些袋子也有助于把气流挡在外面,防止冷风从帐篷边最下面折叠的部分底下钻进来。在灶火旁边铺着破碎的毯子,上面散落着些杂七杂八的日用品,比如说皮毛、铜壶、木碗、茶壶、中国瓷碗、正方形的装面粉的盒子、风箱、马鞍、缰绳等——全都乱七八糟地混杂在一起。他们的某些用具,例如剑,是唐古特人自己制造的。宗教物品都来自拉萨,而某些家什则是出自西宁府。

11月5日,天气又阴又冷,天空被云朵所覆盖,大地则满是积雪——自打我们从青藏高原上下来之后就很少见到这样的景象了。清晨时分,有10个唐古特人来到我们的营地,他们人人都配着一把笔直

● 位于都兰营的唐古特人的帐篷

而锋利的剑，穿着以蓝色和红色为主的杂色的服装，戴着袋状的帽子，这使他们看起来有一点儿像士兵的样子。他们为我们带来了两三罐牛奶，并且想向我们出售一些马匹。但是他们的要价实在是太高了，因此我们没做成交易。他们倒没有表现出无礼和粗鲁，而是显得很好打交道也很健谈的样子。他们仔细研究了我的几样东西，在了解到我的左轮手枪可以同时填装6发子弹的时候，他们立即肃然起敬。

　　我急切地想要雇一位唐古特人做向导，但他们回答我说，他们不会让单独的一个人跟着我们走，而且对于我所提出的从这里到西宁府每人12两银子的佣金不满意，他们索要的钱数是16两银子。当我终于同意了这一要求的时候，他们又得寸进尺地说自己没有马。但这显而易见是个借口。事实是他们对我们心存怀疑，不敢与我们一起旅行。不过幸运的是，劳普森对于这片土地有着深入了解，而且他是我所雇用过的最出色与最值得信任的向导。

　　山谷向着东面延伸，地势渐渐升高，它位于两边圆顶的山丘之间，山上都覆盖着柔软的泥土。半山坡上密密匝匝地种着松柏，裸露的岩石偶尔从林带的上方冒出头来。每一条支系峡谷的顶端都被唐古特人的黑色帐篷所占据，帐篷四散各处，外表看起来令人生惧——这里真是强盗和匪徒最理想的藏身之地。我们数了数，一共有25顶这样的帐篷，如果把在都兰营的那些算在内的话，总共大约有40顶。假如这里的居民有此意图的话，他们很轻易就能挡住我们的去路并将我们制服。不过我们一路未被骚扰地骑马前行，尽管经过每顶帐篷的时候，里面的人都会跑出来盯着我们看。

　　最后，我看到一个古怪的金字塔形状的物体立在山谷的中间，那是一个立方体支撑起一个圆柱体，两件东西都是用泥土做的。劳普森解释说，这是一个表示附近有庙宇的标志，而就在下一刻，我看到了都兰庙（Dulan-kitt）的外墙，这是我们自从离开科帕之后遇到的第一个带着城墙的镇子。这个地方只建有很少几座房子，不过有不少的帐篷。房子的下半部分都是用石头砌的，而上半部分则是泥土建的。这里的居民是邦佳（Banga）蒙古族人。

　　劳普森所说的那座寺庙是一座四方形的大房子，有窗户，房顶是平的。在这里居住的是库库淖尔蒙古族人的25个部落的首席大喇嘛，名 733

叫阔都克托音格根(Khoduktouin-gaghen)。他是蒙古族人,据说通过连续的转世化身已经在都兰庙居住了许多年。喇嘛只要一到61岁就会躺下来并且圆寂,但他会立即进入一个小孩的身体,从而重新开始生命历程,这个小孩就成为其继任者。

　　行进了16英里之后,我们紧挨着察罕湖(Tsagan-nor,白湖)的东面扎营。这个湖泊实际上嵌入了山腹之中,花岗岩的峭壁从一些地方伸了出来,形成饱经风雨侵蚀的形状不规则的横岭,以相当陡峭的角度斜下来浸入水中。到了此处,树林面积不断缩减直至完全消失,最后的几棵树远在山腰之上,由于距离太远,我们无法前往那里,于是在那个傍晚,我们可用的燃料少得可怜。

　　劳普森过来找我,一副麻烦缠身的模样。他弄丢了自己用来装口粮的小袋子,里面还有10两银子(31s.3d.),那钱是他准备用来在塔尔寺买骆驼的。在前一天夜里,他还把那小袋子当成枕头枕在头底下,毫无疑问,一定是前来拜访我们的那些"可敬的"唐古特人中的一位在我的伙计们忙于整理旅行队伍准备出发的时候将其偷走了。我向劳普森保证说,如果他能在塔尔寺为我弄到一幅唐卡的话,我就会补偿他的损失。他允诺一定会做到,在此之后他又恢复了良好的精神状态。

　　11月6日夜里,我们再次听到从山谷里以及附近地区传来怪异的嚎叫。我已经完全确定,唐古特人打算埋伏在山谷尽头的山口处等着我们。我们的狗疯狂地咆哮着,岗哨上守夜的人的相互呼喊声在帐篷之间一刻不停地回响着。不过我实在是太累了,于是一直在呼呼大睡。到了早晨,伙计们告诉我,夜里骚扰我们的只是三匹狼,它们潜到了我的帐篷近

● 一个唐古特男孩

旁，并且和我们的狗发生了一次小冲突。

　　我们继续沿着长满草的宽阔山谷下行，向着东北和北方前进。这里完全没有一点儿水，而这一地区也基本上没有人居住，尽管地上有些烧焦的木头和灰烬标志着原来的扎营地点，证明这里至少偶尔会有人来。山脉由片麻岩和一种石英岩所构成，山体被风雨侵蚀得很严重。

　　在山谷的中间，我们遇到了一个十分奇怪的竖立着的东西。一块带着锋利尖角的岩石断片完全孤立地竖在地上，它就像是一颗巨大的牙齿一般突出于地面之上，还有一个三角形的建筑靠在上面。那建筑是用花岗岩石块搭起来的，每个石块都是 2 英尺 6 英寸见方，用它们所垒起的几面墙都有一人半高，长度为 35～40 英尺。地面上铺着石板，用来在上面搭顶的石料与之属于同一材质，每一块石板上都照例刻着那句藏语的祷告真言。墙上挂着一簇簇羊毛、布片以及骨头的碎片，上面都不断重复地写着或刻着那些相同的藏语象形文字。进入建筑内部的入口是一个宽阔的门洞。这些石头被风雨侵蚀的严重程度以及石墙已经倾斜了一个角度的事实都说明它们已然经历了相当久远的岁月洗礼。这个被称为"坎祖尔"（Ganchur）的地方最初的时候无疑是个堡垒或是岗哨，不过时至今日，它显然是被附近的居民当成了一座敖包来看待。

　　从其内部有通道可以通往一个位于高处的长长的洞穴。洞穴很明显是天然形成的，因为其边壁极其不平整，而且被风雨严重侵蚀，壁上到处都潦草地写满了汉字字符。

　　在这附近野驴又变得很常见。我们看到了一个有 20 头野驴的驴群，不久之后又看到了数量约为 80 头的一群，它们保持着紧密的队形飞跑过山口。山谷的地势逐渐升高，越过一片柔软的草地之后通向那个名为"诺可可屯叩特尔"（Nökköten-köttel，空的山口）的山口。那里的山顶之上有一座风格朴实的小敖包，为了向青海南山的山神致敬而建。我们从山口的顶部向着西北方向望去，看见布哈河所在的开阔山谷在北边被一排低矮的山封闭起来。这里的视野非常开阔，和我们在藏北所穿越过的那布满湖盆地的地区同样空旷。

　　在山口的另外一边，我们沿着诺可可屯河所在的峡谷下行，这条溪流基本上已经干涸了。我们在溪边搭起帐篷,这天总共行进了大约16英里。我们所能找到的唯一燃料是野驴的粪便,而另一方面,这里却有大量优质的牧草。就在此处,我们碰到了从都兰山谷来的一队唐古特人,他们约有50人。见到我们,他们显得非常吃惊,不过并没有表现出任何敌意。他们都骑着马,还带了许多牦牛,牛背上驮着大口袋与其他行李。他们说他们去了腾卡尔,为了购买过冬所需的面粉以及其他生活必需品。

11月7日夜里,唐古特人又围着我们的营地潜行,但没能偷走我们的任何一匹马,所以他们一大早就先于我们动身离开了。整整一天我们几乎都在笔直地向东行进,总共走了20英里。路上遇到了一条被称作昆得隆(Kundelung)的溪流,它虽然规模较小,却在我们试图越过它的时候给我们制造了相当大的困难。于阗来的斯拉木·阿洪骑着一匹驮着行李的马第一个试着从又软又泥泞的冰上走过,但溪水很深,几乎将马淹死,也让其背上的骑手洗了个冷水澡,而马所驮着的行李全部被彻底地溅上了水。帕皮巴依试图让自己保持在稍高的位置,但结果也是一样的。最后,劳普森终于找到了一个相对来说水位较浅的地方,而溪水里的冰可以用斧头砍碎。

松软而平坦的地面被野鼠的洞穴和出没路径切割得支离破碎,使我们必须敏锐地看好马匹,以防它们踩空。从峡谷中出来之后,我们折向布哈河旁边,在一丛丛的矮树和灌木之间穿行。河水又宽又深,河床上铺满了砾石。在某些地方,河水在一条水道内流淌,该处的水就未曾上冻。而在另一些地方,河水分流成若干条支流,这些支流都已被冰封。河两岸的阶地都至少有16英尺高。

我们花了整整40分钟骑马穿行过一片土地,据劳普森说,大约2万名从西宁府逃亡的反叛者8个月之前曾在这里扎营。他们所留下的营地痕迹很丰富,因为此处的草仍然处于被践踏倒的姿态,还有许多都被无数营地的篝火烧焦了。他们从唐古特人那里偷来的绵羊的头骨与腿骨和毡子的破片、杆子等等类似的物品四散在地面上。这些东干暴动者无论走到哪里,都如同蝗虫过境一般将那个地区毁为荒芜一片。劳普森并不知道他们后来朝着哪个方向而去,不过无论如何他们并没有去柴达木。他们很可能去了布哈河上游的山区。

　　整整一天我们都没有遇到过任何人，没有见到过一个棚子或是一群羊。这片土地荒凉而寂寞，野驴、狼与狐狸无拘无束地在那里徜徉，完全无所畏惧。我们没有看到野牦牛，尽管据说在布哈河上游地区它们是存在的。事实上，正是出于此情况，这条河流才获得了"布哈河"的名称，因为这个地名的意思为"牦牛河"。

第
八
十
九
章

# 青 海 湖

　　11月8日。冬季来临了,把它冰冷的手放到了这片土地上。因为下了雪,黑夜里总会回响着狼群悲哀的嗥叫。不过只要太阳一升起来,雪立即就会融化。几乎还没等我们完全离开营地,一群狼便潜了进来看我们是否留下了什么值得捡走的东西,它们很明显毫不把我们的狗放在眼里。而这些狗也的确很识时务,它们不会让自己太接近这些入侵者。

　　我们的下一步是要越过"牦牛河",这件事做起来比我所想象的要简单。河水宽250英尺,流量为每秒钟600立方英尺。美丽的河水清澈而透亮,激流的流速是每秒钟3英尺,却无声无息地静静滑过,仿佛流淌着的是温润的油。在主流之外还有6道支流,但它们现在仅仅呈现为冰冻的水池与冰的碎片。不过在它们的上方还存在一条支流,流量为每秒140立方英尺,里面的水十分混浊,很可能是从北面山丘的土质斜坡上流淌下来的。

　　与此同时,我们已经远离了青海南山,或者更确切地说,这条山脉已经渐渐消失在了东南东方向,它濒临着青海湖的南岸。我们偶尔会瞥见唐古特人的黑色帐篷,还见到过一两次骑在马背上的唐古特人赶着他们的羊群。遥远的东边的地平线被一条暗蓝色的直线标记出来，那就是面积辽阔的青海湖。

在行进了将近 21 英里之后，我们在一处名为"哈德赫萨奇"（Hadeh-sächi）的地方建起了营地。傍晚宁静而明澈，群星熠熠发光。我们看到在山脉中的谷地附近暗淡的红色火光隐约闪现，那是唐古特人的营地篝火。

11 月 9 日。在出发之后不久，我们的一匹马就坚持不住了，由于剩下的马匹中也有若

● 一位唐古特人

干匹已经呈现出筋疲力尽的迹象，我们就只行进了很短的距离。我们越是朝着东南东方向前进，青海湖在我们的视野里就变得越清晰。草原微微地向着湖岸的方向倾斜。青海北山间或冒出覆盖着皑皑白雪的峰顶，它是我们现在唯一看得见的山脉，位于东北和东北东方向，其蒙古语的名称就是简单的"逊乌拉"。

终于听到了水浪拍击湖岸的声音，随即我们就到达了湖边，并且沿着湖岸行进。近岸处的水相当清澈，毫无疑问，这要归功于水浪的作用。湖水中的盐含量也比藏北的湖泊中的要小得多，而布哈河的三角洲就离这里不远，那条河无疑有助于向湖中补充淡水。湖水没有上冻，尽管此时的气温只有 35.4℉（1.9℃），水温却达到了 44℉（6.7℃）。

我们沿着一道在水浪的推动作用下所垒成的贴着湖岸的砾石（粘板岩）的堡礁前进，直至到达布噶乌兰（Bagha-ulan）河并在那里停下来扎营。从此处，我获得了一个真正广阔的观察视角。湖水就在我面前扩展开来，像无边无垠的大海一般一直延伸到地平线。水的颜色从深蓝渐渐变为绿色。在左侧与右侧遥远的地方，山脉都变得越来越矮，也越来越模糊，直至最终消融于一片朦胧的薄雾之中。不过两条山脉距

离稍近的那两个终端也并没有彼此相连,它们中间在东南方向留着一个很宽的口子。呼吸到从湖面上刮过来的"海风"的感觉棒极了——真是提神宜人,令人精神振作,雄心满怀。

终于,我们到达了青海湖。汉语说的"青海湖",即唐古特人口中的"错温波"(Tsongombo),也就是蒙古族人所说的"库库淖尔"。我们用了超过3天的时间沿着其湖岸行进,这里的海拔为9975英尺。

劳普森向我讲述了以下这个传说,来解释此湖的由来:

在很久很久以前,一位喇嘛在地上挖了一个巨大的洞,然后他从某种植物上取下了一个白色的根和一个黑色的根,并且将黑色的根在大坑之上截成了两段,于是水流从截口奔涌而出,直至将大坑注满,形成了湖泊。如果他当时切的是白色的根,那么坑中将会被注满牛奶。不过幸运的是他切开的是从中流出水的那个根,因为否则的话,住在这一地区的人们将无法再养羊,那么他们就会无所事事。在此之后,喇嘛又登上附近的一座高山,从山上搬了一块巨大的岩石并将其投入湖的中央,于是湖心岛就这样形成了。

11月10日。在营地的时候我们又损失了一匹马。总的来说,蒙古马毕竟只是中等品质的牲畜,而且它们的价格还非常便宜。它们当中的大部分在经历了第一个月的旅行之后,背都被磨伤了。唐古特人的马受到的照顾要更好一些,因为他们除了骑马之外极少将自己的马匹用作他途,但他们卖马时索要的价格也要高很多,比如说一匹普通的优等马要20两银子。人们通常会怀有这样的预期:由于蒙古族人比起其唐古特邻居来在养马的事业上更为自力更生,他们应当能培育出更加优秀的马种来。可是看来事实却并非如此。唐古特人使用牦牛而不是马匹作为驮畜。我们在和阗所购买的马匹比从音根察罕郭勒的蒙古族人那里所购买的马更能忍受旅途中的艰苦与辛劳。当然,事实是前者也得到了更好的照料,因为这些蒙古马完全依赖于在路上吃到的那些草生存,在藏北期间,我们在很大程度上都是用谷物(玉米)来喂马的。

我们继续笔直地向东行进,保持着距离湖岸一英里或一英里半的距离,湖岸在我们的南边形成了闪着明晃晃的耀眼光芒的一道线。整整一天,那座岩石的小岛都处于我们的视线之内,它就像一峰单峰骆驼的背部一样升到了水面之上,在南面几不可见的山脉作为背景的映衬之下凸显出自己暗色的轮廓。

今天我们所穿行过的地域并不是那么荒凉,因为我们曾从好几群长角的牛身边经过,看护牛群的有妇女、小孩,也有牧羊人,后者总是会用一杆枪或一把剑把自己武装起来。我们所遇到的所有骑马的人,都将一杆带着怪异的长叉子的黑色的枪斜背在肩上,腰带上还插着一把剑,剑水平地横在身前。他们把身上穿的羊皮从腰带下面高高拉起,使其在自己的身子两侧垂落。他们还穿着足尖处向上翘起的长筒马靴,戴着紧贴在头顶的帽子。

行进了13.5英里之后,我们在水量丰沛的音根乌兰河边建起营地。非常奇怪的是,这一地区的大部分地名都是蒙古语的,可是这些名称同样也被唐古特人所使用,比如说"布噶乌兰"和"音根乌兰",意思分别是"小块红(土地)"和"大块红(土地)",用来影射那些地方颜色略微发红的土壤。

挨着我们营地的正上方有10顶唐古特人的帐篷,而且我们被告知,在北面的山坳里还有20顶。生活在这些帐篷中的居民有些前来拜访我们,他们都在腰带上佩着来自拉萨的无鞘的剑。他们卖给我们一些牛奶、一只绵羊以及一匹马,但劳普森很担心,他说不能让这些人一次看到太多的钱,因为他坚持宣称他们只不过是出于对我们所携带的武器的畏惧才没有贸然攻击我们。唐古特人曾经询问过担任我的翻译

● 青海湖的西北角　741

的劳普森,在我的行李箱里是否躲藏着士兵,而他冷冷地严肃答道:"是的,每个大箱子里面有两个士兵,每个小箱子里面有一个,另外还有好多好多的枪。"由于我的帐篷中的炉子带着一个形状奇怪的烟囱,他们将其当成了大炮。当他们询问劳普森我们夜里为什么要在那里面点起火的时候,他告诉他们是为了做好发炮的准备,如果危险降临,我们所需要做的唯一的事情就是朝它里面投进火药和炮弹,它就会立刻喷射出如倾盆大雨一般的致命的子弹。

唐古特人说东干暴动者们是在9个月之前经过音根乌兰的,并且偷走了他们的400只绵羊和140匹马以及牛与牦牛。

他们预计湖泊与溪流将在未来的10~15天之内被冬天的冰霜所覆盖,还告诉我它们通常会保持大约3个月的上冻状态,不过根据每个冬季严寒程度的不同,这一时段的长短也会产生很大的变化。不过湖面上的冰层总是非常不结实的,因为每到晴朗而刮风的日子,冰面上就会形成大量的裂缝、小径和孔洞,它们一直保持敞开,直至平静无风的天气又将其封上。不过,据他们说,冰层的厚度还是相当于一个人的胳膊那么长。

在湖中心的岩石岛屿上有一座寺院,经常有人前往那里朝圣。不过当冰面开裂的时候,那些小径和口子使得朝圣者无法继续骑马前进,因此他们被迫改为步行,身后拖着装载了3天分量的口粮和燃料的雪橇,这雪橇是用构成他们的驮鞍框架的两根支撑木条临时组装起来的。常常走到半路时,他们会遇到冰面上无法逾越的大裂缝,于是被迫掉头返回。也有的时候,由于冰面解冻,他们被困在岛上,于是就得一直等待,直到霜冻再次降临。不过他们从不在过晚的时节前往那里,也就不用冒被困留在岛上直至第二年冬天到来才能离开的风险。那些生活在岛上的喇嘛们过着一种极度与世隔绝的生活,他们完全依靠朝圣者带来的作为贡品的食物以及其他生活必需品来维持生存。我的随从们认为喇嘛们在那里过得挺惬意,因为别人无法接近他们,在整个青海湖的岸边都看不到一只船。

据说在不同的时间段里,湖水的深度变化很大。湖水水位升高被视为是一个糟糕年景的前兆,而水位的回落则预示着繁荣昌盛。这一年,湖水水位涨得格外高,于是东干暴动者们跑到这里并给唐古特人造成如此巨大的损失也就不足为奇了。不过即使东干暴动者们没有来，羊群也会遭遇瘟疫，唐古特人自己也会被疾病所侵扰，他们的草场也会变得荒芜。人们告诉我，湖水在夏季的水位总比在冬季要高。尽管湖水实际涨落的幅度并不是十分可观，但由于湖岸倾斜的坡度十分和缓，使得不同高度的水平面留下的痕迹在岸边清晰可辨。据说在我去的那年（1896年），湖岸线比往常要向北扩展了1.5～2英里左右。毫无疑问，正是这一情况致使古伯察神父相信青海湖受到潮水

● 一个唐古特男孩

涨落的支配。对于这一点，他写道："这片辽阔的水域确实配得上'海'而不是'湖'的称呼，因为尽管距离海洋十分遥远，这里的水却像海洋里的水一样是苦咸的，而且也与海水一样涨潮退潮。"

在湖泊的西端，我们隔着一段距离望见了可可诺鲁因（Koko-noruin）敖包。在湖的东岸也有一座敖包，为了礼敬名叫"察干延聘"（Tsagan-yempin或Kusha-chulun）的湖神而建，附近所有部落的头领每年都要祭拜它一次。在沿着湖岸的其他几个地方，还竖着几个规模较小的敖包。我们在所经过的一处见到了个奇怪的东西，它由插在地里的大小树枝所组成，从上到下挂满了毡片、羊毛团、绳头以及类似于精选出的珍宝的东西。在另一处，有一块圆柱形的石头，人们有在它里面生火的习俗。

青海湖地区的唐古特人通常在湖周围的草原上过冬，在临近湖水的地方，那极度的严寒会有所缓和。在夏天，他们则上到湖北面的山里去消夏。唐古特人最重要的首领是岗且喇嘛，他在西宁府的统治者与游牧部落之间担当着中间人的角色，因此被授予了呼礼（huli，执行司

法的特权）。当抓到小偷与其他罪犯的时候，这些人被送到西宁府并在那里受审，结果是他们很少会掉脑袋。而如果遇到了罪行更为严重的案例，岗且喇嘛则会用藏文上书给西宁府，或是自己来解决问题。

　　一直伴随着我们的持续的不安全感总让我们感觉到，我们似乎就走在通向战斗的道路上，并且随时都在准备应对攻击的降临。一个对我们来说十分有利的条件是每天夜里月光都皎洁明亮，这样一来我们那些放哨的人就能够清楚地看到自己周围的情况。狗在每个夜晚都暴怒地狂吠，不过它们通常都是冲着那些围着我们的帐篷潜行的体形巨大、毛色灰黄的群狼吠叫。

　　据说，音根乌兰河在夏季水量会大大增加，以至于无法徒涉。不过现在，在寂静的夜里，我能听见水晶般清澈透明的河水在石头之间发出和谐悦耳的回响，与此同时，在我们头顶的高高的天空中，星星像电灯一般闪耀着明亮的光。

# 第九十章

# 从青海湖到腾卡尔

在损失了第四匹马之后,我买了一只骡子,并在11月12日继续踏上向东行进的旅程。

出发之后不久,我们穿过两片冰冻的沼泽地,芦苇刺破微微闪光的冰层探出头来,不过它们的顶部都已折断。冰层在马蹄的践踏之下裂成碎片,发出尖锐的声响。小路转向东南东,同时偏离了湖岸。在耀眼的阳光的直射之下,湖水在我们的南面像擦得锃亮的剑锋一般闪闪发光。一小群一小群的羚羊在草原上吃草,而我们在近旁的一条沟壑里看到了6匹狼正卧在那里等待着它们落入腹中。不过羚羊十分警觉,队伍中的领头羊目光敏锐地不断四下里扫视,只要嗅到一点危险的气息,它们就会以令人震惊的敏捷和迅速跑得远远的。它们以又长又快的跳步跃过大地,轻盈到似乎都没有接触到足下的土地。

我们渐渐地接近北山山脉,这条山脉里只有些零星散落各处的顶峰上覆盖着白雪,不过在东南方向,有一个被冰雪所覆盖的突出显著的山结。在青海北山与此山结这二者之间有一个凹口,我被告知这就是卡拉阔特尔(Khara-köttel,黑山口)山口。青海南山在湖对岸斜着的方向模糊可见。不过当我们从湖的这端向那端直着看过去,则看不到对

745

岸的任何山脉。

越过了流量极小的哈归音河（Harguin-gol）之后，我们遇到了更为重要的哈伦乌苏河（Hallun-ussun），它有2英尺深。河面上覆盖着脆弱易碎的冰层，这使得渡河变得不那么容易。在这里，又有两三个伙计在试图寻找浅滩的过程中将自己搞得浑身透湿，后来他们在营地的篝火旁烤干了衣服。蒙古族人的哈根瓦苏（Hargeh-väsu）部族就在距此地不远的湖边居住。

11月13日。从到北京的漫长路途中又可以减去20英里的距离，不过前方还有上千英里的路程等待着我们去征服。夜里非常寒冷，最低温度降到了−1.1℉（−18.4℃）。在太阳升起之时下床穿衣洗漱可绝不是一件令人愉快的事，因为那时的温度也不过只有5℉（−15℃）。我们的衣服就像冰块一样凉，直到喝下咖啡之后才感到身子暖和起来。我们沿着夹在中等高度的山脉之间的甘塞噶（Ghansega）山谷上行，到处都生长着大量的牧草，间或能看到帐篷、羊群以及曾经的扎营场所。我们看见两只狐狸并且去追逐它们，其中一只没有逃过狗的狡黠而被活捉。

卡拉阔特尔即使对于我们那些疲惫的马匹来说也极容易翻越。翻过山口之后，我们进入一条宽阔的山谷，它逐渐地向着巴音豪逊（Bayin-hoshun）倾斜，我们在那里的一条小溪旁停了下来。在汇集了好几条支线小径之后，现在道路变得比之前要明显易辨得多。经过成千上万匹马以及其他旅行队伍中的牲畜的踩踏，它已经形成了一条相当深的沟壑。

我们碰到了一个唐古特人的大头领，他穿了一件镶着白边的红色斗篷，身后跟了整整一队骑马的随从。他告诉我说，在腾卡尔有一位孤独的俄罗斯夫人，而西宁府还有两三个俄罗斯人。我立刻怀疑他们其实是英国传教士，因为在亚洲内陆地区，所有的欧洲人都被不加辨别地称为俄罗斯人。在此之后我们又遇到了5个骑着马的人，领着一些没有配马鞍的马匹。劳普森自然又发誓说，他们肯定是盗马贼。接着我们碰到一队牦牛，约有60头，背上负载着各式各样的袋子和大包。它们被6个骑马的人驱赶着前进，其中有两个是汉族人。他们是从西宁府来的商人，将谷物和面粉运过来卖给青海湖地区的唐古特人。

746

11 月 14 日。我们沿着在其旁边扎营的那条叫作索库克河（Tsunkuk-gol）的小溪前进，总共行进了15.5英里的距离。在与好几条支流汇合之后，小溪扩展成为一条拥有相当大流量的河流，它流经腾卡尔与西宁府，在即将到达兰州之时注入黄河。由于这条河发源于卡拉阔特尔山口以东的山里，我们现在肯定已经离开了中亚的内陆河流域而再次接触到那些注入海洋的河流。索库克河的河水奔涌向太平洋，因此我们再也不是被封闭在亚洲大陆的腹地之中，经过了三年之后，我们再次来到了周围区。这种欣慰的感觉简直无法形容！

山谷朝着东南方向收紧变窄，在那里，河水从山脉中劈开一条很深的山峡。北边的山脉是南山山脉的分支。就在山谷开始变窄的地方，路旁竖着一个用花岗岩雕琢而成的动物像，立在一面三角墙之上。这个地方被称作巴尔克托（Bar-khoto，老虎镇），据说是为了标记出以前曾在此地存在过的一个城镇。

又行进了一小段距离之后，我们遇到了一个逊萨萨克蒙古族人的庞大的旅行队伍，他们曾在腾卡尔逗留了10天，以贮备其用来过冬的供给品。他们现在正沿着来时走过的路返回。很明显，深秋被认为是最适合进行这样的长途旅行的季节。在夏季的时候，路途往往会被布哈河、依克赫乌兰河（Yikeh-ulan-gol）以及其他河流所阻断。

据我们统计，这个队伍中包括近300个骑马的人，其中的大部分都是男人，有很多人带着枪，而所有人都佩着剑。不过队伍中也有很多女人，她们列成长长的一队，穿着深蓝色与红色的别具一格的衣裙，另外还有一些半大的孩子。旅行队伍中至少有1000匹马与大约300峰骆驼，它们负载着诸如面粉、面条、衣物、器皿、靴子之类的货物。队伍中的牲畜在行进过程中保持着紧密的队形，每排10头牲畜并肩走，这样一来，一旦遭到攻击，它们便不会因为阵线拉得太长而吃亏。在两个侧翼都沿着整条队伍平均分配着150支枪来进行护卫，这雄辩地证明了，穿越唐古特人地盘的旅途的确是极其不安全的。每一支走过的队伍都会扬起一团轻薄的尘烟，大地在无数蹄子的踩踏之下发出沉闷的隆隆回响。这一切都造就了一幅充满生命力与色彩的图画。当一个接一个的蒙古族人看到我的时候，到处都响起不断重复的叫喊声——"俄罗斯人！俄罗斯人！"

不过,如此庞大的旅行队伍一定会对他们一路上所经过的草场造成毁灭性的灾难,尤其是当他们每次行进距离过短以及前进得很慢的时候。他们行进的速度取决于骆驼的速度。还有另一件事令我十分吃惊,就是他们让其牲畜所负载的货物的重量之轻已经到了滑稽可笑的地步,每匹马只驮两只小箱子,其重量仅仅大约相当于一匹中等品质的驮马所能够负载重量的三分之一。蒙古族人不仅在经过唐古特人的地盘之时将其草场上的草吃得一干二净,而且还通过这种方式把自己地盘上的草省了下来。

　　河水在山谷中蜿蜒绕过好几道急转弯。随着它继续向前流淌,斜坡变得更加陡峭,而这一事实通过湍滩与小瀑布的增多得以证明。在一个地方,激流迅猛地向着右岸上的花岗岩悬崖压迫过去,制造出开水沸腾时发出的那种"嘶嘶"声,如同滚雷一般响亮。从此处过河的路是要从一块类似于门槛或是屋脊的岩石之上走过,它就位于布满泡沫的激流的正上方。在夏季的时候,河水的冲击力太大,根本就无法从上面横穿,因此旅行者必须沿着一条小径行走在一座座悬崖上。

　　我们又一次进入了蒙古族人所居住的地区,不过这里的蒙古族人使用着与唐古特人一样的黑色帐篷。这天傍晚,我们将帐篷搭在了山谷的一个延伸部分里,这地方叫作穆尔古苏克(Murgutsuk),距离辛聂赫寺院(Shinneh-kitt)不远。

　　11月15日。沿着河的左岸的道路很宽阔,上面却布满了石头。我们顺着这条路一直下行,已经到了比青海湖的海拔低得多的地方。我们经过的许多地方地貌都很有趣,比如说,有一个叫作哈达乌兰(Hadda-ulan,红色山丘)的并不重要的小山口,站在其顶部却会获得极佳的视野,可以将整条山谷的景致尽收眼底,而山谷中至少有17座敖包,每一个制高点上都有一座。之后我们来到察罕托阔(Tsagan-tokko),那是一个由泥土房子组成的村落,四周用泥墙围了起来,里面的居民大部分都是汉族人。

　　在布拉特辛寺院(Brattsing-kitt)那里,河水上方横跨着一座拱形的木桥,这是许多天以来我们所遇到的第一座桥。村庄越来越频繁地出现,它们被白杨树、白桦树、落叶松和云杉掩映起来,风穿过树的枝叶时发出奇异而又熟悉的低吟。路上的交通也变得更加活跃繁忙,我们遇

748

到了大批大批骑马的人——汉族人、蒙古族人与唐古特人,以及由驴子组成的小型运输队,把乡下的土产品运到城镇去。偶尔还会看见由骡子拉着的大车。山脉的斜坡上满是吃草的牛与牦牛,而几乎在每一个突出的岩崖上都坐落着一个寺庙或是一座孤零零的敖包。这一切都表明,我们正在接近一座大型城镇。正午刚过去不久,我们在路上看到的房屋就越来越稠密,而道路也开始呈现出些许街道的模样。我们在建筑物之间继续骑马前行,走了没一会儿,就看到前方出现了腾卡尔的石头大门。

我们骑马进了城,沿着主干道前行,街道两旁的房屋正面看起来有些稀奇古怪。人群是多么地熙熙攘攘、吵闹不堪啊!我们尚未习惯如此生气勃勃的场景,耳朵几乎都要被这喧嚣声给吵聋了。

在这天的早些时候,我已经派帕皮巴依先行进城,去把我的通行证提前呈送给城里的官员。现在,那位高官就在大门口迎接我,还带着一

● 杯子、祈祷时用的鼓以及转经筒(我在达赖喇嘛的使者那里购买的物品)　749

封来自"俄罗斯夫人"的信，诚挚地邀请我分享她的热情好客。我觉得自己孤身一人去和一位孤独的夫人相处会有些放肆，不过我还是决定——也许是受好奇心的驱使——无论如何要前去拜访她一下。

当我到达那所带着一个正方形庭院的中式良宅的时候，一位没戴帽子、架着副眼镜并且身着中式服装的年轻夫人接待了我。她用十分友好的语气问我："你说英语吗？"我告诉她："是的，我想是这样的。"于是我们的语速便立刻加快了许多。她做了自我介绍，说自己是莱因霍尔德夫人（Mrs.Reinhard），是一位从美国来的医学博士，她的丈夫莱因霍尔德先生是名荷兰传教士，他于整整一个月之前与魏尔比上尉（Captain Wellby）一起启程去北京，后者正在完成了穿越西藏的旅行之后的返家途中。

莱因霍尔德夫人热情好客，和蔼可亲。能和一位兴趣在牧草与草场、危险的山口、野牦牛、牛以及绵羊以外的人聊天真是件令人愉快的事，而她的丈夫冒险将她一个人留下的勇气也着实令我震惊。不过也许这里其实并没有那么危险，因为凭借着自己的医学知识和技术，莱因霍尔德夫人已经在当地人中交到了几个朋友。

我在腾卡尔停留了两天，以使马匹得到充分与良好的休息。我拜访了主管这座城镇的官员，并在城中四处游览了一番。

第
九
十
一
章

# 万佛寺（塔尔寺）

　　我向莱因霍尔德夫人道别，并进行了一次前往多巴镇（To-ba）的短途旅行。道路仍然沿着逊库克河（Tsunkuk-gol）的水道延伸着。一开始，在离开腾卡尔之后，山谷十分狭窄，山坡也极为陡峭，在那些悬在河上方的悬崖间连续地回响着大瀑布水流飞溅的声音。事实上，在某些地方山谷收缩得过窄，以至于很容易就可以形成一夫当关万夫莫开之势。因此也就不难理解，暴动者的武装力量为什么无法接近到距离腾卡尔20里（6英里）的范围之内。几个小村庄很怪异地坐落在伸到河道的弯曲部分中的悬崖和岩石之上，近乎每个村庄都被外墙和高塔保护起来，塔上的射击孔俯临着山谷的两侧。拴着叮当作响的铃铛的骆驼排成长长的队伍，迈着安详而沉着的步子向着腾卡尔缓缓移动。正是在这座城里，汉族人与蒙古族人以及藏族人相遇，他们相互间进行着以实物交换为形式的活跃的交易。

　　道路边上的所有村庄在不久之前的战事中被毁于一旦，它们呈现出一派凄凉悲惨的景象。

　　我们在多巴镇所咨询的一个人肯定地告诉我们，那座城里已经没有一座客栈或小旅馆了，因此我们就在城外的野地里扎营。那地方的

751

确完全是一片废墟，所有的街道都被碎砖乱瓦所堵塞，不过在某些相互之间间隔很远的地方，清军已经建起了新的房子或是澡堂。要塞那高高的矩形的墙上布满了炮弹的弹痕，清军的旗子在其顶部猎猎飘扬，旗子上写着一些字，或许是对于拿下这个堡垒所作的凯旋赞歌。

在要塞的围墙之内，有一座漂亮的汉传佛教寺庙，叫作历别雅（Li-beh-ya）。它由几座规模不大而又互不相连的建筑物组成，每座建筑都带着典型的下垂的屋顶，而飞檐则向上翘起，屋檐的每一个角上都饰有龙头或其他装饰物。不过最使人印象深刻的则是一个四层的宝塔。所有建筑物的表面都用绿色的瓷瓦片拼贴出雅致美观的图案，一堆一堆的破碎砖头和瓷器碎片都显示出暴动者曾经尽其全力地来毁坏这座寺庙。不过即使是在损毁严重的情况下，它还是呈现出非凡的精美外观。它骄傲地立于多巴镇的废墟之上，墙上那些上了瓷釉的装饰图案在夕阳的光线中闪闪发光。在寺庙的范围之内有几位汉族人，正在把砖头搬到驴背上，以将其运去建新房子。

第二天，我把旅行队伍分成了两拨，帕皮巴依负责领着马匹运着行李直接去西宁府，而我和斯拉木巴依、劳普森、另一位蒙古族人以及4峰骆驼一起绕道前往鲁沙尔镇（Lusar 或 Luksor）。因此，帕皮巴依继续沿着逊库克河的河谷前进，而我们则转而向南走，沿着一条逐渐向上倾斜的宽阔的山谷行进。我们刚刚进入山谷就越过了在其间流淌的小河，它分成了5条分支，流量约为每秒钟880立方英尺。在接下来的一小段距离之内，道路不过就是在一座座黄土山

● 一位喇嘛

丘上切出的一道深沟。然后我们遇到一条山谷支脉，从那里流淌出小河的一条支流，为其带来每秒钟210立方英尺的流量。我们途经几座村庄，它们周围都是被开垦的田地，其中最大的村子是元山（Yüan-sän）和班萨（Ban-sa）。

河水的落差使其很适宜被利用于碾磨东西。人们从河边开凿出人工水道，水道的另一端是一个沟壑或某处凹陷的洼地的边缘。这样一来，水经过一个木制的输水管道的引导后可以直接落到六七英尺之下的一个水平的水车的承水板之上，而水车的轮轴垂直地向上突起，支撑着磨石。沿着河边有好几个这样构造的水磨，还没接近它们的时候，就已经能听见水流落下的声音和水磨发出的嘎吱声。

山谷弯折向东北方向，于是，我们将小河留在了自己右侧，转而上山。上山的路开于坡度和缓的山坡上，经常可以望到已远远处于我们下方的山谷。鲁沙尔镇建于一座山丘的山坡上，建筑物一层叠着一层，就像是圆形剧场中的一排排座位。

一开始，所有的房屋都位于我们的左侧，不过走着走着，它们在我们的右侧也出现了，或者更确切地说，出现的是它们的屋顶，因为房屋都建在路面以下几英尺的位置。最后，我们来到一个三角形的市场，有个客栈或是小旅馆临着它的一边而建。我在其屋顶的一间小阁楼里安顿下来，并把自己的行李用绳子吊起来拉到房间里。镇子里的小路和庭院都位于我的脚下，而在东南面，著名的大型寺院塔尔寺的白墙在山上闪烁着微光。塔尔寺也叫"万佛寺"，因寺里所供奉的佛像数量众多而得名。

11月20日。清晨时分，我和劳普森去参观寺院。我们是步行前往的，在这些神圣的路径上骑马将会招来辱骂，甚至会被人扔石头。鲁沙尔镇的小溪向着东北东方向流淌，塔尔寺的小溪向北流，二者在鲁沙尔镇汇合。两条溪水都沿着深深的沟渠在山顶浑圆山坡却很陡峭的山丘之间流淌，寺院中庞大的建筑群就建在这些山丘上，排列得像梯田一般，一层一层逐渐升高。沿着塔尔寺小溪左岸的小径将我们带到一座大门前，它的顶上有一个球体，球体之上又有一个锥体，逐渐向上收缩成一个细尖，大门两侧各有一个石狮子。门下面坐着许多小贩，坐在他们小小的流动货摊后面，摊子上摆满了念珠、哈达、黄铜碗以及其他一些在其宗教崇拜仪式中发挥作用的物品，另外还有一些诸如烟斗、小刀、果子干之类的世俗的物件，所有这些东西都被用来从朝圣者的口袋里吸纳钱财。

　　我们爬上若干座陡峭的山丘和石台阶，来到了寺院主持即活佛所在的屋子。他30岁左右，头发齐根剃得很短，没有蓄须，穿着一件深棕色的无袖袈裟，因此双臂赤裸。他接待我们的房间里装饰着不计其数的佛像，立在雕花涂彩的橱子里，墙上还挂着画有各种西藏神灵的大小唐卡。那位圣者坐在靠墙放置的无靠背的长椅上，一面数着念珠一面急促地念着永恒不变的"唵嘛呢叭咪吽"。劳普森摘下帽子，俯身匍匐于他的脚下，活佛亲切地伸出手来，祝福了其崇拜者。然后他让人为我们上茶，并询问了我的行程。他还允许我参观寺院，但是警告我说不许绘制任何关于寺院的草图。

　　就这样我们告别了神圣的活佛，在寺院中转了一圈。寺院的中心——或者说是僧侣之城——由如同迷宫一般的神圣的建筑物所组成，中间围着一个个正方形或是不规则形状的庭院。其中最重要的一座建筑当属大金瓦殿，它的屋顶以陡峭的角度下垂，而四角又向上弯出一个弧度翘起来，墙面上则镀着金光灿灿的金片。在入口的正前方立着一棵被木篱笆保护起来的树，它分为5根树干，不过现在上面已经没有树叶了。据说每年春天这棵树所长出的树叶上都会自行生成神圣的"唵嘛呢叭咪吽"字样，树叶会被卖给朝圣者。很不走运，在我参观的时候

● 唐卡（购于塔尔寺）

已经没有剩下一片树叶。据古伯察神父说，这座寺院的名称正是来源于这些长出字的树叶。

我所看到的这棵树应该不可能是那位旅行家所描述的那棵树，在我看来，眼前这棵树的树龄没有那么大，而且与古伯察神父所看到的树并不是生长在同一个地方。关于那些树叶上的符号或文字，古伯察神父这样写道："我们非常仔细而严格地观察了这些叶子，万分惊异地发现，每一片叶子上的的确确有藏文的祈祷语，而且还排列得相当整齐。这些文字总是绿色的，有时候比叶子的颜色深一些，有时候则浅一些……在我们看来，它们就如同叶子中的纤维一般属于叶子，是其本身的组成部分……我们想尽一切办法试图在其中找出任何可能的欺诈做法，却未能如愿。这一事件无论从哪方面讲都是完全自然的。"古伯察神父是位值得信赖的作者，但就这件事而言，他似乎过于轻信了。我没能看到一件这种神奇的自然书写物的样品。当我询问劳普森他是如何解释树叶上出现文字这件事的时候，他回答说，那是喇嘛们自己印上去的。劳普森真是个精明的家伙。

沿着佛殿的正面修建了一道走廊，6根木柱支起了顶部，这些雕梁画栋非常吸引人们的目光。地面上的木板有一些被磨空，形成狭窄的凹槽，又深又长，其形成是源于藏族人与喇嘛们的拜神行为。当他们匍匐在地上拜神的时候，双手会从地面滑过伸向身前，直至他们全身平伸趴在地上而且额头接触到地面。以这种姿势趴了一会儿之后，他们跪起身来，将交叠的双臂置于额头与胸口，口中喃喃吟诵着祈祷，然后再一次伏地，将双臂伸到身前。这样的动作被他们重复了一次又一次，直到我已经没有耐心继续看下去。

佛殿前面的墙上有三个门，都用坚固的黄铜锻造出美观的外形。门都是开着的，不过门口被挂着的帘子遮住了一部分。我们进入殿内，发现自己就像置身于一个真正的博物馆之中。这是一个宏伟而堂皇的大殿，高高的屋顶上镀着金，上面发出的灯光被调节成深邃而神秘的微光，这使我不由自主地想起了莫斯科的乌斯宾斯基圣母升天大教堂。

在大殿的中间安放着崇高的宗喀巴（Tsung Kaba）的巨大塑像，大约有30英尺高，塑像是坐姿的，全身都被斗篷遮盖住，只留下头与双手露在外面。佛像似乎就这样沉默地、庄严地、轻蔑地俯瞰着那些用自己

满是老茧的双手辛勤地磨光地板的朝圣者们。在宗喀巴像的周围,是
许多稍逊一等的神灵的塑像,每个都被供奉在自己的嘎乌之中,那是一
种带着装饰性面板的开放的橱柜或岗亭。在宗喀巴像的正前方燃着无
数盏灯,灯前的地面上立着6只饰有装饰纹样的一种黄铜的器皿,形状
类似于喝酒的杯子,每只都有一码高,里面盛着各种各样的食品,比如
说米、面粉、糌粑、水、茶等,所有这些都是供奉给神佛的。每只器皿上
面都盖着一个木盖子,上面有一个洞,透过它可以看见里面盛的是什
么。每个容器上都燃着一盏灯,所有这些都有助于制造神秘的效果。

　　宗喀巴塑像被几排柱子包围在一个正方形的范围之内,在前面那
排柱子的柱头上附着一块长方形的匾牌,略微向着门的方向倾斜,匾牌
是黑底的,上面题写着四个金色的汉字,其看上去非常富有美感。人们
告诉我,这几个题字是说明此寺院是清朝皇帝的家。一排排架子立在
佛像的两边以及大殿的墙边,架子上放着无数卷佛经,也就是说,放着
大量夹在两个并未装订在一起的板子中间的又窄又长的羊皮纸条。这
个地方是个名副其实的博物馆,令我震惊的是,这里处于荒野,却聚集
起如此之多的有意思的奇珍异宝。

● 塔尔寺里的宗喀巴殿

大金瓦殿被类似的佛殿包围在中间，不过那些佛殿都没有金顶，里面供奉着许多巨大佛像，佛像脸上与手上都镀着金箔，穿着美观而昂贵的衣袍，身前燃着酥油灯。

一系列庭院中间的图格沁都衮（Tsuggchin-dugun）殿的每一边都建有柱廊，柱廊之下是许多圆柱形的转经筒，固定在两排水平的横梁之间，用木钉悬挂在那里，通过手柄可以使其转动。转经筒的表面装饰得很精美，在蓝色或绿色的底色之上雕着镀金的藏文字符。一些喇嘛被指派了在寺院四处巡行的特殊职责，他们要保证这些转经筒一直转动。当我们接近这里的时候，持续不断的嗡嗡声传入我们耳中。在转经筒的轮轴上缠绕着狭长的纸条，上面密密麻麻地印着极小的字，正是神圣真言"唵嘛呢叭咪吽"。如此一来，每当转经筒旋转起来的时候，成千上万声祈祷就会向上飞升，传到神佛面前。

庭院里拥满了喇嘛，他们都没戴帽子，头发都齐根剃得很短，也都没有蓄须。他们看起来阴郁而瘦削，穿着某种类似于披风或宽袍的红布袈裟，在肩部折起并且绕着腰部扭曲，边缘则一直垂到了脚边。他们的右臂几乎都赤裸着，只有个别几个人例外。不过他们都十分友好，性格也很平和，尽管并不愿意向我解释任何东西。我不得已只好满足于接受劳普森所能够告诉我的那些说法。幸运的是，他已经参加了好几次塔尔寺的大法会，因此知道它的每一处边边角角，也了解它的所有秘密。

每当举行大型法会的时候，会有大批大批的朝圣者来到寺院里，提供给他们的水和糌粑是在一个叫作"曼察哈逊得"（Mantsa-häsunde）的大厨房中准备的，那里有一个砖砌的巨大的火灶，上面挂着三只巨型的大锅。

参观了寺院的厨房之后，我们来到庭院之中，它被回廊围了起来，院墙上绘着一系列神灵的画像。

佛教建筑给人以一种特殊的神话式的印象。喇嘛中的大部分人都是10～15岁的男孩，他们被送到寺院里来训练和培养成完全合格的喇嘛。在某个地方，男孩子们用清亮悦耳的声音吟唱着那永远不变的祈祷，听起来倒是着实令人愉快。不过，在踏出寺院重新呼吸到新鲜空气的时候，我还是感到由衷地欣慰，我终于将那些偶像崇拜的毫无意义的

● 塔尔寺里的喇嘛

　　　　　　　　　　　● 鲁沙尔镇的主要街道与市场

可笑仪式抛在了身后。当然,这其中的许多东西在罗马天主教中同样存在,比如说那些僧侣、圣人像以及敬神场所中柔和而充满神秘感的光线、镀金并且装饰得华而不实的教堂、排成一列列的人工光源、由男孩组成的唱诗班等。

　　大量的房屋与围墙建在山丘上,它们聚集在寺院建筑群的周围与上方,全都刷成了白色。从鲁沙尔镇望过去,它们看起来就像是长长的一排排晾晒在那里的床单。塔尔寺所形成的镇子比腾卡尔和鲁沙尔规模都要大,特别是在大群大群的朝圣者从西藏、柴达木、青海湖和蒙古等地涌向那里去参加大型法会的季节里。

　　11月21日与22日,我都待在鲁沙尔镇,又去了两三趟塔尔寺,以便从不同的角度画速写草图。一些喇嘛听说我在购买唐卡与布尔坎,就于天黑之后过来找我,向我出售这些东西,其中价格不太昂贵的那些就被收藏到了我的箱子中。我还买了几只盛放供品的黄铜碗、一些银制的嘎乌以及一个祈祷时敲的鼓。

第
九
十
二
章

# 西　宁　府

　　11月23日，我们花了很长时间整理行装，因此直到正午过后才动身前往西宁府。几乎整整一天我们都处于平缓而布满灰尘的微红色山丘之间，沿着一条12～20英尺深的道路行进。这条路由于连续不断的来往交通而被踩踏到了如此的深度，以至于我们感觉像是一直走在一条地道里面，根本看不到一点儿我们所穿行的地区的景致。

　　而且在绝大部分路段，道路窄到无法容纳两辆大车同时通过。如果有两辆车确实碰到了一起，其中的一辆就得倒车，暂且先退让到一个较宽敞的地方。每一条横穿过道路的小溪自然而然地都会顺着它流淌下来，于是骆驼在行走过程中不断地在潮湿的地面上打滑或失足跌倒。太阳刚一落山，水就冻起来了，道路变得更易打滑。我们一个小时接着一个小时地骑着马前进，遇到旅行队伍，路过村庄，越过小溪。暮色降临了，天色暗了下来，变成漆黑一团。事实上，沿着这样一条在其中伸手不见五指的奇怪道路骑行实在是件令人非常不愉快的事。最后，我们的向导终于在一面城墙前面停了下来，墙中间立着一座巨大的大门，这就是西宁府。

　　我们用马鞭使劲地敲打着大门并且向一位看守人大声叫喊，那人正敲着一面鼓在城墙之上巡行。由于害怕那些暴动者作乱,城门关闭得很早。我设法让那个看守人明白,如果他能赶紧去道台的府衙并且请求允许一位欧洲旅行者进城的话,我将付给他丰厚的回报。他派了一名信使去办这件事,与此同时,城门外的我们就在黑暗中等待着。一个半小时之后,信使回来了,传令说城门可以为我们打开——但是是在清晨!我们实在无计可施,只得找个离城最近的村庄,在经过了困难重重的交涉之后,好不容易在那里获得了一席过夜之地。

第二天一大早,还没等我完全穿好衣服,就有两个英国人——里德利牧师(Rev.Mr.Ridley)和亨特牧师(Rev.Mr.Hunter)来到我们那寒碜的客栈拜访我,令我感到惊喜万分。两人都是中国内地会❶的成员,他们都穿着中式的服装,甚至还留着辫子,只有其外貌特征显示出他们属于白种人。里德利先生来邀请我去他家中做客,后来他与妻子带着最慷慨大方的好客之情接待了我,让我享受到种种欧洲式的舒适安逸,一直到11月30日我离开为止。当睡在一张铺着床垫与床单的普通的床上的时候我感觉到尴尬,坐在一把平平常常的椅子上的时候我同样感到尴尬,还有像一个普通人一样用刀和叉吃东西时这种尴尬的感觉依然伴随着我,因为我已经习惯了在帐篷中把自己裹在毛皮里面,习惯了吃摆在地上的米制的食物。

里德利先生与里德利夫人以及两位助手——亨特先生和霍尔先生居住在一所中式房屋里,房子整洁而舒适,还带着一个很大的四方形庭院。由于战乱期间他们曾为受伤的清朝士兵组织起一所医院,这种不遗余力、忘我投入地提供帮助的善举,为他们赢得了城中民众最热烈和真挚的"认同"。他们那无私的热情与辛勤的劳动,无疑为其传教事业的成功铺平了道路。

我万分感激里德利先生与里德利夫人,不仅因为他们的亲切友善与慷慨好客,也要感谢他们为我提供的许多极有价值的巨大帮助。

在我穿行亚洲的旅行线路上,西宁府是一个值得注意的停留点。

---

❶　中国内地会,英、美等国基督教新教向中国派遣传教士的差会组织,1865年英国人戴德生所创。该会派遣大批传教士深入中国内地传教。——本版编辑注

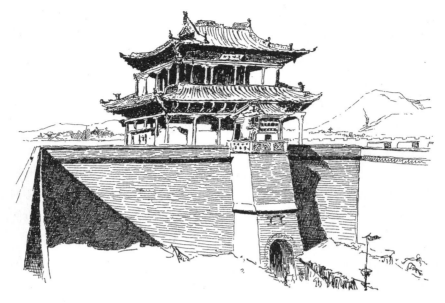

● 西宁府的大门之一

● 西宁府城内的一个装饰性大门

我计划在那里遣散我的那些从新疆塔里木来的忠诚的随从们，让他们踏上返程归家的迢迢旅程。我还打算在那里重新组织起一支旅行队伍，以适应接下来的旅行中的环境。因此，我的第一个目标就是前去拜访道台，请他为我的伙计们发放有效的通行证。这并不困难，因为他们几乎所有人都是中国国民。道台给了我一个尺寸巨大的通行证，他的考虑很周到，因为这样的尺寸足以在所有中国官员的心里激起最深的敬意。这些伙计们将沿着穿越亚洲腹地的伟大大道往回走，经过甘州、肃州、哈密，到库尔勒。在他们启程之前，我把他们全都叫到了我的房间里，结算自己应付每个人的钱。然后，我把所有人应得的报酬都翻了倍，这让他们惊讶得说不出话来。其实我给的钱一点儿也不多，因为如果没有他们的话，我根本不可能完成这样的长途旅行。除此之外，我还把仍然活着的蒙古马作为礼物送给他们，只留下了我自己和斯拉木巴依想要的两匹，另外还给了他们足以走完整个回家旅程的钱与供给品。我们曾在腾卡尔让三个人加入了我们的队伍，他们是魏尔比上尉从拉达克雇来的，但在途中走散了，我允许他们和我的伙计们一起回去，并且也给了他们一匹马以及所需的供给品。曾经走过那条路的帕皮巴依被选为他们那个旅行队伍的领队，我送给他一把好用的左轮手枪以及一些弹药。所有的人都心满意足，感激不尽，在我们分手的时候，双方都十分满意。然后他们就踏上了旅途，我希望他们能像我快乐地回到自己家里一样顺利地返回他们的家。

在做完这件事之后，我的钱袋子就瘪下去了一大块。里德利先生帮我称了重量，并计算了剩下的银两，仍然还有770两（合120英镑），这些钱足够把我带到北京了。不过在我到达自己的目的地之前，还有相当长的路要走。送快信的信使在28天之内可以走完这段路程，而我却整整走了3个月。

由于篇幅所限，我无法对西宁府进行细致的描述，对于这座城市，只要说以下这一点就够了：

这是一座被四方的城墙围起来的城市，在亚洲人的观念中，这可以使一座城市固若金汤，无法攻克。城墙建得一丝不苟，质量精良，它厚重而结实，墙顶上的空间足有一条街道那么宽，士兵在上面巡逻守卫。站在墙上便可拥有居高临下的广阔而宏大的视野。鸟瞰整座城市，你可以看到那些典型的中式房屋的屋顶形成了一幅堂皇的马赛克拼花图案,屋顶上都铺着红色的波形瓦,装饰着龙形的复杂花纹。所有的街道都与城墙完全平行,相互之间呈直角相交。主干道穿过城中心,最重要的那些衙门都毗邻这条街而建。衙门指的是官员的住所与办公场所,这些地方悬挂着奇怪的上漆的匾牌,门前立着石狮子和龙,大门上装饰着式样丰富的雕刻。在其他一些街道旁边也会看到类似的雄伟壮观的大规模建筑物,它们通常都是某些富有的人出于将自己的名字与繁荣昌盛永远相连的愿望而修建。

第
九
十
三
章

# 从西宁府到凉州府

12月1日。在忠诚的随从斯拉木巴依陪伴之下，我离开了西宁府以及热情好客的英国传教士们。由于我没能雇到一位汉语翻译，霍尔先生很慷慨地愿意牺牲自己的时间来陪我一直到平番❶。里德利夫人为我装了一箱子美味的食物——蛋糕、果馅饼、蜂蜜和果酱。我的新的旅行队伍由6头骡子和3个人组成，我以14两银子（约合45s.）的价格雇他们把我的行李运到平番。那些包裹与箱子被一次性地捆在一个弯曲的木框架之上，然后整个儿地将其搬上或搬下载物鞍座。这样一来，我只把那些自己每晚都要使用的东西放在外面便于拿取的地方。不过那些骡子狡猾而难以驾驭，其中的一头把身上的负荷踢了下来，将固定行李的木框架砸成了碎片。那几个伙计比骡子还要难缠，他们一路上不断地吵闹和咒骂，因此我很庆幸自己只雇了他们6天。

旅行队伍列着队沿着街道向东大门进发，穿过两旁由目瞪口呆万分好奇的当地人所组成的人群，后来又穿过了东关（Tung-kwan）的废

❶　平番，即今甘肃永登。

墟。在其主要街道的旁边已经新建起了几座房屋与商铺。

当我们到了空旷的乡下的时候，交通路线变得越来越稀疏。山谷宽敞而开阔，两边是柔和浑圆的山丘，山坡的坡度很缓。只有在其中的一小段路程中，山谷收缩成为狭窄的隘路，阳光永远也照不进这里，规模可观的西宁河在流经此处的时候边上都结了冰。就在这个叫作小峡（Shio-sha）的狭窄的山口，东干暴动者曾经长时间地堵塞了从西宁府到甘肃省首府兰州之间的通路。

这天傍晚，天气阴沉而寒冷。我们路上只遇到了一支旅行队伍，由数量众多的骆驼组成。在亚洲的这一地区，骆驼旅行队只在夜间行进，因为这些动物白天都在吃草。我们在跨过两条分别名叫"萨苦水"（Sa-ku-fueh）和"观音堂"（Kwen-yin-tang）的小溪之后，到达大型村镇平戎驿（Ping-rung-i）。我们费了好大的劲在客栈中寻找落脚之地，因为客栈中的每个角落都被旅行者占满了。在把我的睡毯展开铺在这些地方之前，我总会让人把长条床板仔仔细细地擦扫一番，以避免自己与上一个睡在这里的人进行令人不快的亲密接触。

12月2日。山谷再次收窄，形成狭窄的大峡（Da-sha）山峡（大隘路），河水（在我们左边）在这里形成一系列泡沫飞溅的大瀑布，夹在花岗岩与黑色粘板岩的山壁之间。不过在隘路的另外一端，山谷再次扩展开来，到处密集地分布着村庄与已开垦的田地。我们坐着摆渡船在一根拉在河两岸之间的绳子的指引之下过了河，到达碾伯镇（Nien-beh）。尽管天色已暗，但镇子的城门还没有关闭。

在接下来的一天，我们穿行于一个人口稠密、田地高度开发的地区。道路越过许多条已被冰封的人工水道，磨坊的水车轮被冰束缚住手脚，一动不动地立在那里。果园里生长着苹果树、梨树、杏树、桃树、李子树与核桃树。田地已经被犁过，为下一季庄稼的播种做好了准备。

道路在黄土层中开掘得很深，以至于能够清晰地观察到土层的水平与垂直结构。先前那些种类的植物的根部伸到了路面的位置。河水也以类似的方式切入土层里，在每一个弯曲处都带下大量的黄土。我们在高庙镇（Kao-miotsa）——路旁最大的村镇之一停下来，在一个露天的小吃铺子里吃早餐。我们遇到了许多支骆驼队，它们把大包大包的羊毛运到宁夏或天津去。我们在罗亚（Lo-ya）停留过夜。

12月4日。我们继续向着东北东方向行进,将西宁河在其中流向黄河的那条横向的峡谷以及一条通向兰州府的崎岖小路都留在了我们的右侧。我们沿着一条小峡谷登上一个不高的山口,在峡谷入口处竖着3根柱子,上面悬挂的木笼里装着3个骷髅头,这是曾经攻击、抢劫并杀害了某些商旅的强盗的脑袋,他们后来被抓住并砍了头。然后我们顺着一条蜿蜒的"之"字形小路爬到了平阔山最高处,那山路的转弯都特别地急,我是多么同情那些可怜的骡子啊,它们驮着沉重的物资,吃力地爬上如此险峻的峭壁。

我们在平阔口的一个孤零零的客栈中过夜,之后越过一道相对低矮的山脊,紧接着在其东面一路下行,第二天我们就进入了宽敞而开阔的大通河(Tai-tung-ho)河谷。河水从西北方向流过来,分成3个河汊横穿过河谷,我们乘摆渡船横渡过其中最大的一个河汊,它大约有100英尺宽、5英尺深。河流的左岸有许多村庄,但其中的大部分已经在战乱期间被毁掉了。路上的交通很繁忙,比如说,我们遇到过两三个庞大的喀尔喀蒙古族人的团队前往塔尔寺去参加即将举行的法会,另外还有长长的大车队伍,车里装载着从附近所挖的煤,以及向西宁府运送供给品的车队与驮畜队伍,更不用说还有许多只身一人骑马或步行的旅行者。

12月6日。我们沿着一条好走的骑马专用道走到平番,途中翻过另一处山口。不过这条道对于车辆来说却是致命的,因为它又陡又窄,而且还被挖凿得很深,以至无法容许两辆大车在这狭小的通道中并排通过。因此一些赶车的人习惯于跑到车队的前面,大声拉长调子叫喊,以这种方式清空道路之后再从最近便的地方通过。平番河分成9个河汊,也是在一个宽敞而开阔的河谷中流淌。夏季,这条河的流量巨大,从岸边所留下的痕迹中可以很轻易地看出这一点。

我将概括地略写从平番到凉州府的这段路途,因为这段路是众所周知的,很多旅行者已对其进行了描述。

12月9日,我与霍尔先生道别,并送给他一匹马当礼物,作为对他为我而费心劳力的感谢。我再次重新组织了自己的旅行队伍,解雇了那些骡子及其吵闹不堪的主人,然后雇了两辆形状外观都与新疆塔里木的驿车相同的大车来取代他们的位置。我用其中一辆车来装载我的

767

● 平番

行李,而另一辆则是顶上带着棚子的,里面还铺着稻草与毯子。两辆车都是由辕杆之间的一头骡子以及骡子前面的两匹套着轭具的马来拉的,赶车的是两个讨人喜欢的汉族人,我设法使他们彻底明白了我的意思:如果他们能够尽快并且不出任何事故地让我走完这段路的话,我就不会忘记付给他们丰厚的小费。与这两个人维持良好的关系至关重要,因为现在没有人担任我的翻译,我必须完全依靠自己所掌握的那点十分有限的汉语。

在接下来的6天时间里,我们一直在翻山越岭,涉溪过谷。我们翻过了南山山脉最东端的分支,越过崎岖的山口,跨过条条小溪,其中有一些已经上冻而另一些则还在自由地流淌,还走过摇摆不稳的桥,穿过幽暗而狭窄的隘路。大车不断地嘎嘎作响,它们震颤着、颠簸着,东倒西歪地蹒跚前行——这真是折磨人。赶车的人是步行的,每经过一个村镇,他们要么要去跟熟人说句话,要么就想买块在后面的路上吃的饼子。我们每天都很早就动身,通常是午夜刚过不久就上路了,然后在中午时分休息一阵,在这段时间里给牲畜喂饲料,下午继续行进一小段距离。在大半夜里赶路实在是寒冷刺骨,令人难挨。尽管我把自己裹在毛皮与毡子里面,但每次到停下来的时候,我总是全身上下都被冻僵了。斯拉木巴依先是骑着马,直到双脚生了冻疮,从那以后他宁愿步行。赶车的伙计们跑在他们的牲畜旁边,一直很巧妙地让自己保持暖和,而我忠心耿耿的约尔达西三世则最能耐寒。路上下了两三次雪,冰冷的寒风从西北方吹过来。我们就这样沿着长城边上的大路走了6天,而长城就位于凉州府的北北西方向,一路上路过了吴兴驿(Wo-shing-yi)、塔库驿(Tha-ku-yi)、翁高堡(Lung-go-po)、皋兰村(Go-lan-chow)和曹东堡(Cho-dung-po)等村镇。❶这些是我们曾停下来过夜的地方,而在其间还有成串的其他村镇。

我们与两个汉族人结伴同行,他们运着两大车各式各样的器皿去凉州府。在中国北方的这些大道上,结成尽可能庞大的团队一起行走是很占优势的,因为行路的人都要遵循一个约定俗成的规矩:当两方在一条我所形容过的那种又深又窄的通道中狭路相逢的时候,规模较小的那一方必须要为人多势众的一方让路;除此之外,当团队中的任何一辆车或是一头牲畜出了任何问题的时候,所有人都要伸出援手来解决问题。

我们在12月10日黎明时分就体会到了这种安排的好处。当时我们到了西明河(Shi-ming-ho)河边,这条河在流经一个开阔而肥沃的河谷之后注入平番河,二者之间形成一个锐角。这条河在一道布满石头的河道中来来回回地蜿蜒迂回,除了在激流流动最为迅速的几处还留下了窄窄几条水面之外,其他地方都被冰层所覆盖。而在河流与道路相交之处,河面从此岸到彼岸完全被冰封住了,冰面上又覆盖着零星的沙土,如此一来,无论是马匹还是旅行队伍都无法毫不费力地轻松通过。

那两个汉族人赶着其中的一辆车试着先行通过,这辆车由3匹马拉着。他们全速冲上了冰面,可是车轮还没转完一圈就已经切进冰里,轻易得就好像是剃刀插进纸张里一样,于是车子就被牢牢地卡在了那

---

❶ 一些具体地名因村镇设置变化较大,而且斯文·赫定途经时居民口音有差异,故采取了音译为主的方式。

里。车上装载的货物得全部卸下来抬到河对岸去，然后我们费了好大的劲才终于合力把车子拖了出来。

伙计们又去查看了略微上游一些的地方的冰面，但对于我们那沉重的车子来说，所有地方的冰面都太薄了。然后他们找到了水面稍宽的一处，再用斧子把冰面劈开，于是此处形成了一个浅滩。不过这里的水足足有3英尺深，而且里面布满了碎冰群和大块的浮冰。我的行李车下水去碰运气，它被投入水中，然后停了下来——也被死死地卡住了。另外的两匹马被轭具套在车前，4位赶车的伙计全都站在冰的边缘，高声叫喊着并在空中挥动着鞭子使其发出"噼啪"的声响。那两匹可怜的马立在一直没到它们肚带处的冰冷的水中，抬起前蹄立起身子，脚下却打了趔趄，然后重重地摔倒，几乎都快要淹死了。随后它们跃上一侧，试图攀上冰面，但伙计们又将其赶回了水中。

我们那两个汉族同行者中的一位显然是个不知鲁莽为何物的年轻人，他把自己脱了个精光，丝毫不顾当时只有14℉（−10℃）的寒冷气温，跳入水中，推走了将车轮阻塞在那里的冰块与石头，然后又解开了被马匹弄得乱七八糟死死纠缠在一起的缰绳。看到他在冰冷的河水中做着这些事，我都忍不住发抖，因为我即便是包裹在毛皮之中也无法令自己保持暖和。与此同时，斯拉木巴依在河对岸的灌木丛中升起了一堆火，好让那个胆大的年轻中国人烤火取暖，而余下的人在费尽九牛二虎之力之后成功地把车子拉过了河。接下来的每一辆车在过河的时候都经历了同样的过程，所以我们花了整整4个小时才把它们全部平安地拖到了河对岸。

我们现在所沿其行进的道路正是经由凉州去往迪化与喀什噶尔的大道，路旁全程都竖着电报杆，电线在其间嗡嗡作响，就这样将一点点文明的火种传递到荒漠中。我不能不想，如果中国皇帝不是让其臣民将气力全都用在修建那些高大的城墙上，而是用来修建高品质的道路以及在江河上架桥，那么这些气力将会花得更有价值些。

12月12日。我们走出了群山，来到平坦的平原之上。这片平原向着四方伸展，每个方向都一直延展到地平线之处。两天之后，我们骑马通过了凉州府那华美的大门。在这里，我再一次万分幸运地得到了英国传教士热情好客的招待，他们是中国内地会的贝尔彻牧师与贝尔彻

● 凉州府的大门之一

夫人以及他们的助手迈勒小姐和皮凯尔斯小姐。两位年轻的女士一起
住在坐落于传教站一段距离之外的一座房子里。

　　我并非出于己愿地在凉州府至少逗留了12天,这大大地考验着我
的耐心。这段漫长等待的原因是我几乎根本无法雇到在前往宁夏的路
途中所需要的骆驼。这里的骆驼确实很多,可是没有一个主人愿意一
次出租少于40峰的骆驼,他们拒绝把自己的驼队分开。况且宁夏并不
位于那条大道之上,他们担心回程时无法接到运输的生意,因此向我索
要双倍的价钱。

　　这些日子漫长而单调乏味,但我享受着传教士们的深切同情,不过
我所寄居其内的教堂极其寒冷。当我到达的时候,贝尔彻先生并没有
在凉州,但他在之后的第二天或是第三天回来了。因此,在第一天,我
是同三位迷人的年轻英国女士共进晚餐的,她们都身着漂亮而富有品
位的中国服饰。

　　第二天,我去了电报局,那里有一位懂英语的职员。我给奥斯卡国
王陛下发了一封电报,这封电报要途经西安、汉口、上海之后才能飞到
我的祖国。在此操作过程中,我得到了瑞典和挪威驻上海的总领事博
什先生(Mr.Boch)的亲切帮助。7天之后,正当收圣诞节礼物的时间,

771

我收到了国王陛下祝贺我的回电。中国人对于电报这玩意儿抱着万分怀疑的态度,而且他们对于信息是如何得到传递的有一番自己的解释。他们认为写着信息的纸张被卷成了一个极小的纸团,然后沿着电线飞速地传递,而电报杆上的绝缘装置就是下雨时那些纸片可以在下面避雨的歇脚之处。

凉州是甘肃省的第二大城市,仅次于首府城市兰州,包括附属的村镇在内,凉州府的居民人口数超过10万人。这座城市的规划也是遵循惯例的四方形,被厚重而坚固的城墙围在中间,城墙上有4个宏伟的大门。主要街道十分宽阔,五光十色而且充满了勃勃生机——大车、旅行队伍以及摩肩接踵的商人。

在等待旅行队伍重新组织期间,我把空闲时间用在了绘制速写草图,同英国传教士交谈——他们能够为我提供许多有价值的信息,拜访一些清朝官员,以及在市场上购买种种物品等事情上。这种市场是一条带拱廊的街道,两旁全都是漂亮的商铺。我所购买的东西里包括两个手炉,其形状像是茶壶,不过盖子上是带着格栅的,使用的时候就在里面装上灰,再把两三块炽热的木炭放到中间。手炉能够保暖足足24个小时,要是没有这个小器具的话,我在前往北京的路上双手将会不止一次地被冻坏。

我还参观了城墙外的一座雄伟堂皇的寺庙,并且为其绘制了几张速写草图。随后我去了建在凉州府以东25里(7英里)处的比利时天主教兄弟会的传教站。他们的主教曾去过北京,但即将回去过圣诞节。不过我受到了兄弟会的三位成员最友好的接待,他们用起泡的红酒、雪茄烟以及蛋糕来招待我。他们的教堂是座宏伟庄严的建筑,是部分遵循了中国建筑的风格来建造的,上面矗立着一座高塔,顶上竖着一个十字架,从村庄周围很远之外的地方都能看得见。圣坛后面的大窗户上镶嵌着彩色的玻璃。圣坛上立了幅圣母像,前面燃着蜡烛。足有20位中国乡下人跪在教堂中殿的地板上,这真是一幅奇异的图景。引导我参观教堂的比利时人告诉我,此时他们的教友社团总计约有300名成员。图书馆是个又宽敞又堂皇的房间,里面装饰着许多传教士的肖像,从中我认出了我在喀什噶尔的朋友亨德里克斯神父的画像。比利时兄弟会在凉州府城里也建有一座传教站,每逢节日以及他们教堂的庆典

● 凉州府大门之外的一座寺庙

● 凉州府大门外的寺庙的内部　　773

● 凉州府外的佛塔

　　　　　　　　　　　　　　　　　　　　● 凉州府的关帝像

之日,他们就会去那里主持弥撒。

不过,我很痛苦地得知,这些罗马天主教的传教士与新教的传教士并不能亲密友善地一起工作,事实上,他们都无视对方的存在。他们这样做当然也是很自然的,因为他们所传播的是不同的教义,其中的一个团体播种下一些东西,另一个团体就会倾尽全力地将其连根拔起。幸运的是,二者在凉州府里都拥有充足的开展工作的空间。就我个人而言,我不会去抱怨其中任何一方,罗马天主教兄弟会的成员们对我就像新教的传教士们一样地热情好客,慷慨大方。

我在凉州府度过了自己在亚洲所过的第四个圣诞节。一想到下一个圣诞节我就可以回到我那亲爱的瑞典的岩岛上,坐在自己家中的壁炉旁,我就感到无比欣慰。圣诞节对我来说总是最难熬的时候,因为在这期间,我远比一年中的其他任何时候都更强烈地思念家乡。今年的圣诞夜就像前三个圣诞夜一样平静安宁、波澜不惊地过去了,我们围坐在炉子边上聊天,我很早就告退,回到冷冰冰的教堂中我那毛皮的小窝里。

圣诞节这天,我是在贝尔彻先生家中与他们一起庆祝节日的,我们享用了一顿有李子布丁的丰盛晚餐。

第
九
十
四
章

# 穿越阿拉善沙漠

　　最后，在12月26日，我终于雇到了8峰骆驼与3个伙计，于是再一次装载好我的行李准备踏上下一阶段漫长的旅程，即前往宁夏的290英里路程。不过很不走运，这天是周六，而且当旅行队伍为出发做好准备时已经到了黄昏时分。如果第二天不是星期天的话，我一定会等到第二天一大早再走，可现实偏巧就是这样，我只好决定前往城墙外的最近的一个村镇，在那里过夜。可是当我们到城门那里的时候，却发现它已经关闭了，而且拒绝为我们而开启。由于我不愿意去搅扰传教士们在安息日的安宁，我们便花了好几个小时在黑暗而狭窄的小巷中到处寻找住处，最后终于在一家小客栈里找到了一个条件极为恶劣的房间。

　　我们第二天清晨很早就出发了，可是刚刚走到城北门外面的空地那里，就有两个衣衫褴褛的中国人迎着我们而来，然后就立刻和我们那些赶骆驼的伙计开始热切地交谈。然后其中一人转向斯拉木巴依，用流利的察合台语提议，由他们来担任我们去宁夏的向导，他所索要的报酬为50两银子。他说自己曾在喀什噶尔和阿克苏住过好几年时间，现在有9峰骆驼，每一峰都比现在我们队伍里的这些牲畜更为优良。拥有可以运行李的驮畜外加一位优秀的翻译，这样的好机会是决不能让

776

其溜走的。因此我们就在道路当中等待着,等那两个新来的人去将他们的骆驼赶过来,在一个小时之内,所有的负载都被转移到了他们的牲畜的背上。这个从天而降的意外好运令我忘记了自己在凉州府所损失的那12天时间。我看着那些城墙与高塔在远方从我的视线里消失,与这座阳光充足但对我来说一点儿也不亲切的城市永远地告别丝毫不令我感到有什么惋惜遗憾。

我们去往宁夏的路线沿着阿拉善沙漠走出一道长长的曲线,先是向着东北方向行进,而后又折向东南方向,一路上路过了下列居住点、水源地以及宿营站,其中有些用的是汉语名称,有的则是用蒙古语名称。❶

其中的每一个地名都代表着我们在一天的行程结束之后停留过夜之处,后面跟着的数字则表示这一天所行进的距离。我们通共只经过了两座城镇——位于沙漠最西边缘的距离凉州府200里(58英里)的镇番(Ching-fan)❷,以及位于沙漠最东边缘的王爷府。

我们第一天大部分时候都在朝着正北方向行进,路过无休无止的一连串村庄、寺庙和花园,而南山山脉就位于我们的南面,在其顶峰上偶尔可见几小块白雪。随着我们继续前行,山脉被我们甩在身后,渐渐地淡出视线。天气非常好,可惜这只是个令人麻痹的短暂现象,因为在12月28日便从西边刮来了大风暴,刮得人简直无法从房子里探出头去。也正由于风暴的频繁光顾,这里的房子都既不安门也不在窗户上装玻璃。沙子与尘土被吹成旋转的团急速地卷过草原,顺着道路向前,并且将我那本就条件恶劣的小屋充填了一半。

29日,我们继续向着北北东方向进发。骆驼的表现堪称一流,它们的步伐稳稳当当,而且非常容易驾驭。能够再一次骑在如此强壮坚忍而又品质卓越的牲畜的背上实在是件令人快乐又惬意的事,而且脚下的地面也恰好很适宜它们行走其上,因为我们所经过的是坚硬平坦又长满了草的草地。随着我们向前行进,人口渐渐变得越来越稀少,村

---

❶　以下节略了路经河西走廊等地时地名与里程的列表。

❷　镇番,即今甘肃民勤。

庄也越来越罕见,不过我们还是会继续遇到由驴子与牛拉车所组成的旅行商队,将乡下土产运到城里去。我们迅速地向着沙漠的边缘接近,在我们的右侧已经出现了低矮的沙丘。在郝通兴郭(Kho-tung-shing-go)村的南面,我们连续好几个小时都行走在一片沼泽地的边上,并且从冰上穿过了沼泽地的一个狭窄的延伸部分。走到一半的时候,一峰骆驼踏破了冰面并且跌进了水中。尽管它背上的行李并没有被沾湿,但我们却用了足足一个小时才把这可怜的牲畜安全地拉回到坚固的地面。太阳在层层雾气之中落下,刺骨的寒冷将我们包围(最低温度为 $-1.8°F$ , $-18.8°C$ )。

最后,我们终于看到了镇番(Qing-fan)❶的城墙,但城门已然关闭,我们被迫在城外的一家客栈过夜。

我们在这个小城里逗留了一天,骆驼的主人要在此地为自己以及他们的牲畜购买足以维持他们走到沙漠的那一边的食物供给。城里的地方长官试图劝说我改走南边的一条较长的路线,因为沿着那一路能够遇到人、城镇与旅店,而如果从沙漠中穿行的话,则除了沙子以外什么东西都别想遇到,更何况,穿越沙漠还要冒着被强盗袭击的风险。我让人给他回话:在我于亚洲旅行的这3年多时间里,我宁愿在沙漠中支起自己的帐篷,也不愿被困在客栈的围墙之内。

于是,1897年1月1日,当我准备离开镇番之时,清朝官吏大人却认为在他还没有在我面前显示自己的权威之前,我绝不能从他的控制范围之内逃走。两个士兵来到我面前,说他们接到命令来护送我穿过沙漠,可是他们无法在两三天之内领到马匹与供给品。我回答说,我并没有要求被护送,而且也不想浪费哪怕一分钟时间来等待他们。我立刻命令伙计们装载好行李并尽快出发。

当我们走到城门外面的时候,被从衙门来的一队人给拦住了,他们说我必须等到第二天才能离开,因为我的通行证还没准备好,而如果我拒绝等待的话,他们所得到的命令是可以用武力来阻止我。我吩咐自

---

❶　Qing-fan,此前原文作"Ching-fan"。据文意,Qing-fan 与 Ching-fan 是同一地点,即
　　镇番(今甘肃民勤)。

己的旅行队伍就在城门外等着,而我则径直去了衙门。地方长官拒绝见我,推说生病了。后来遇到十几个小吏,几番交涉后,通行证与护卫就都准备好了。然后我们继续上路,心里庆幸着在到达宁夏之前再也不用和官吏们打交道了。

沙漠距离镇番非常近,事实上,人们在一些地方修建了较短的城墙来阻挡沙丘的前进,以保护他们的道路、田地与房屋。根据地图所示,著名的中国长城这条保护性壁垒应该就是在此处设障护卫着天朝帝国,但是尽管我尽了最大努力试图找到它,却还是没有成功,除非我们在几处地方所见的某些泥土墙的废墟就是它的遗迹。

在真正进入沙漠之前,我们经过了几座孤零零的农庄,还遇到了许多装载着牲畜粪便的大车,那些粪便是专门从路上收集起来的,因为这地方不长树,人们除此之外没有其他的燃料来源。他们将这东西在太阳下晒干,通过这种方式就得到了他们睡觉的"炕"所需的燃料。

1月3日,我们穿过了一片土地经过非比寻常的精耕细作的地区。我十分惊诧地发现凉州府的河向东北方一直延伸到这么远的地方,不过这条河在此地被称为"努宁河"(Niu-ning-ho)。从河里引出了若干条人工引水渠,灌溉了一长串的村庄,当河水枯竭的时候,人们还有两三口井可以依赖。

1月4日,我们大部分时间都在一片寸草不生的荒原上穿行,道路绕了一个弯指向了东面。我刚才所提到的那条河位于我们的左侧,不过它现在已经收缩成一条细带,而且里面没有水只有冰,因为河水已经上冻,水只能在冰壳之下流淌。就在此地,约尔达西三世很机灵地捕到了一只年幼的羚羊。羚羊当时正在努力地试图走过冰面以逃脱我们,然后冰面在它的脚下破裂,还没等它收回蹄子,约尔达西三世就已经抓住它并把它给咬死了。

在这里,我们再一次遇到了装载着燃料的大车和驮畜队伍,不过这次所装的燃料与上次的不同,是形形色色不同种类的草原植物。在左边,我们看到远处是群山的一道低矮的横岭,不过我找不到地图上所显示的一个湖泊。但人们告诉我,在夏季的丰水期,河流会在其临近尽头之处形成一个暂时性湖泊。那一天我们的宿营站由三座小棚屋所组成,四周围了一圈装着燃料的大车。这里的井深度为6英尺,水是咸的,水温是 37.4℉(3℃)。

第二天,地貌变成了陡面朝东的高高的沙丘、平坦而开阔的盐碱滩以及沼泽地,它们相互交替着出现。黄昏时分,我们遇到了两三个蹲坐在火堆旁边的汉族人,他们告诉我们距离下一个水井还有 50 里地(14英里),而这一路全是沙地。因此我们就在此处停了下来。这里叫作"卡托瓦"(Ka-to-khoa),有个 4.5 英尺深的水井,里面的水很甘甜,水质优良,水温为 33.1℉(0.6℃)。

1 月 6 日,我们来到了这片荒芜贫瘠的沙地的中心区域,这里的沙丘高达 30～35 英尺,唯一可见的植物是偶尔出现的一棵蓟或是已经枯萎的生刺的灌木。这样的地貌唤起了我关于过去那两年的愉快与痛苦并存的记忆。约尔达西三世跑到一座沙丘的顶上朝东望去,却除了沙子之外什么也看不见,它那可怜兮兮的吠叫声真是令人心生同情,毫无疑问它是回想起了我们在罗布泊边上所经历的那些艰辛跋涉。

不过阿拉善沙漠并不像塔克拉玛干沙漠那么危机四伏,它并未像戈壁沙漠那样形成连续不断、完整无间的辽阔浑然一片,而是由若干独立的带状沙地所组成,彼此之间存在草地与沼泽地。不过尽管如此,很多路段还是十分艰险难行,骆驼是唯一能够穿越这里的动物。虽然这条道路缺点很多,但它还是经常被人们利用,我们每天都能看到新的证据。比如说,我们曾遇到一支由 50 峰骆驼所组成的旅行商队,将各种各样的货物从包头(位于鄂尔多斯北面)运过来卖给阿拉善的蒙古族人,他们已经在路上走了 40 天。我们的这两个赶骆驼的伙计都是一流的,他们满怀热情、精力充沛地照料着他们的骆驼和我的行李,一路上坚定稳健地前进着,从未有过一句牢骚或怨言。

在接下来的三天当中,大地呈现出相同的特征。沙丘的背风面还是朝着东方,说明这里常年占据主导地位的是西风。事实上,风每天都会从那一角或是西北方刮来,带着或多或少的猛烈力量。我们现在开始碰到蒙古族人的营地,也看见一些孤零零的游牧民守卫着他们的羊群。五个山水井距离"五个山"(the"Five Hills")很近,好几天之内都可以在远方看到"五个山"。

1 月 8 日,旅行队伍的行迹在沙丘之间来来回回地蜿蜒着,有时候要追随这些行迹并不是很容易,因为风已经把路上的所有痕迹都抹掉了。但最糟糕的在于暮色已经渐渐降临，可是我们还没能找到一口井。天色迅速地暗下去，而我们终于走到了一小块草地上，我们那两个赶骆驼的中国人相信我们到了这里就距离水井不远了。他们四下里去寻找水井，与此同时我和斯拉木巴依则与骆驼一起留在原地，生起一堆火来为那两个找井的人定位方向。我们听到旅行队伍的铃铛声十分清晰地从东边传了过来，离我们越来越近，然后却又渐渐消失在西边。很明显，我们不知怎的偏离了应当遵循的路径。在我们等待了将近3个小时之后中国人才回来，他们并没有找到水井。就在他们离开的这段时间里，我目睹了我所见过的最灿烂华美的流星。一列耀眼的浅绿色流星从猎户星座的腰带处急冲而下，在一个几秒钟的瞬间照亮了整片草地，它们是如此明亮，以至于我们面前的火光都显得暗淡微弱。在流星划过之后，夜色变得比任何时候都更加黑暗。不过过了一会儿，月亮升了起来，月光洒在寂静的荒原上，使我们能够看见前方的路。在向着正东方向行进了几个小时之后，我们终于看到了一个火堆。我们精疲力竭地跋涉到了可可毛鲁克（Koko-möruk）水井，中国人把这个地方称为"成谢格安"（Cheh-sheh-geh-nian）。

我们在水井旁边看到了一些蒙古族人，他们留着辫子并且说汉语。奇怪的是，他们从来都没听说过"阿拉善"这个名称，我也就没能从他们那里找出这个词的含义来。他们将这片沙漠称作"乌兰阿列苏"（Ulan-älesu），意为"红色的沙漠"，这使我想起柯尔克孜族人所说的克孜尔库姆（Kizil-kum），这两个词所指代的是同样的内容。

第二天，我们穿过一片完全寸草不生的荒漠，到达了这条路线的最北端，即一处名为"Koko-burtu"的地方。在这天的行进过程当中，我们仅仅遇到了一个孑然一身的蒙古族人，他身穿整洁的蓝色毛皮衣袍，身侧挂着一把插在镶银的刀鞘之内的匕首，骑着一头高大健硕的长毛雄骆驼，骆驼迈着威仪的大步向前走去。夜里，我们再一次听到了驼铃叮当的声音，一支庞大的旅行队伍来到这里，在水井周围扎营休息。他们把大包和载物鞍座垒成一堆一堆的，将骆驼放出去吃草，然后支起帐篷，燃起篝火。这些人吵嚷和争论个不休——总而言之，在沙漠的中央和漆黑的夜里，这堪称一幅奇异古怪的图景。

来往于宁夏与凉州府之间的旅行商队宁愿选择这条较长的路线而

不是南边那条短得多的路线,主要是为了逃避那条路上的收费关卡,同时也是为了省下住客栈的费用以及从有人居住的地区过往时所需要支出的其他费用。而如果沿着北边这条路线行进,就不会产生所有这些花销,因为他们身上带着足以维持全程的口粮,主要是大块的饼子,而骆驼可以自行维持生计,它们啃食那些又硬又干的沙漠植物。

　　依照惯例,旅行商队都是在下午3点钟时启程出发,为的是让骆驼尽可能长时间地利用有光亮的时候来喂饱自己,然后他们整夜都在路上行进。当到达水井所在之处时,那些人就为自己准备晚餐,包括茶和面,那是一种用肉干和蔬菜干做成的汤,里面浸泡着掰成碎屑的饼子。前往阿腾托尔噶(Ärten-tollga)的这段路程穿过了一块略带起伏的草原,从这里我们第一次望到了东面的阿拉善山脉。路上的每一处水井都配有木制的水槽,可供牲畜从中饮水,而每个旅行队伍都带着一个用柳条编的水桶,可以用它向水槽里面注水。

　　接下来的道路变得宽阔而坚硬,它像一条黄色的绸带一般蜿蜒穿过草地,一直通到王爷府。我们在经过了哈萨套(Hashato)水井之后,于1月12日到达了王爷府。

第
九
十
五
章

# 王爷府与宁夏 ❶

　　我们给了骆驼一天的休息时间，我在这个小城里还有其他事情要处理。首先，我让那两个从镇番护送我到这里的士兵回去，因为会有另外两个人陪我从王爷府前往宁夏；而后，我补充了一些供给品，还购买了一些典型的蒙古珠宝饰品；最后，我去拜访了蒙古郡王诺尔沃（Norvo），此时他正是这座城镇的长官，住在城墙内一座寻常的中国衙门里。他是一个"王"，也就是中国皇帝所册封的一位郡王，年纪很大了，髭须雪白，穿着一件浅灰色的中式短衫，留着辫子。他在一间四壁光秃秃的朴素的大房子里非常友好地接待了我，我们在一起聊得很热烈，因为我已经完全可以在没有翻译的情况下应付这样的聊天了。

　　他特别急切地想知道我是从哪个国家来的，为了满足他，我在一张大纸上画了一幅地图，将瑞典与中国的相对位置标示出来，同时他的一位书记员在地图上写下了所有为了显示出我的祖国的真正位置而必须标出的地名。但是这些蒙古族人的地理知识实在是称不上广博，他们

---

❶　宁夏，即清朝所设宁夏府，时属甘肃省。

仅仅知道两个远方的地名——拉萨和和阗,而且他们当中没有一个人到过这两个地方,不过绝大部分人都曾经去过塔尔寺和库伦。他还很清楚地记得普尔热瓦尔斯基,并且将其称为"尼古拉"(尼古拉·米哈伊洛维奇)。他说尼古拉曾在许多年之前拜访过他。

王爷府拥有过多的名称,汉族人也将其称为驸马府和定远营,而其还有诺颜(Noyin)、阿拉善、阿拉善王和额敏多洛(Yamen-dolo)等蒙古语名字,最后两个名字指的是这里是郡王的住所。这座城镇距离阿拉善山脉的山脚大约有12英里,山脉是南北向延展的,不过由于云彩和尘土的遮挡,几乎无法从这里看到它。有一条小道翻越山脉即可到达宁夏,但我们认为,对于骆驼来说最好还是从其南端迂回绕过去。

小城里据说有两三千居民,一半是汉族人,另一半是蒙古族人。但这个城镇并不是无关紧要的,它是阿拉善蒙古族人最主要的商业中心,他们在这里以实物交换的方式用初级产品换来家用器具、衣服、珠宝首饰、面粉等,那些东西都是由汉族人带到这儿的。

王爷府附近的地形相当坎坷不平。一条蜿蜒在山丘之间的小河为此城提供了水源,据说在洪水泛滥的季节里,河的尽头会形成一个湖泊。在沙漠的这个部分,没有人见过常年湖这样的东西。游牧者将营地扎在从小城附近的草地上流过的小溪边上。我在王爷府所见到的所有的蒙古族人都穿着一种汉蒙混合风格的服装,也就是说,他们在毛皮之上套着五颜六色的中式马甲,上面缀着镀金的扣子。城里有一座建筑风格遵循惯例的漂亮的中国寺院,里面的宝塔与塔楼都与种植在其周围的落叶松一般高。让寺庙掩映在落叶松之中的做法很能体现中国人的艺术感觉,因为那宽大的扫帚似的松枝与带着上翘飞檐的中凹的房顶放在一起极为协调,因此形成了非常和谐的背景。

1月14日,我们所行进的距离比较短,在经过了几座村庄与已开垦的田地之后,在一家孤零零的客栈歇脚。

半夜,我被房子所发出的可怕的嘎吱声给惊醒了,与此同时,倾盆暴雨般的沙子与垃圾都砸到了我身上,尘土形成令人眼花缭乱的旋儿在小屋里转个不停。从南面刮来一阵猛烈的风,不过,蒙古郡王从他的衙门里派来护送我的两个蒙古族人建议我们现在就出发。他们骑着骡子,都是讨人喜欢的家伙,尽管其外貌看起来绝对的凶狠,因为其中一个人的鼻子就像个土豆,而另一个人则根本就没有鼻子。我们向着南面行进,风暴直接对着我们扑面而来。在中午2点钟的时候,天气经历了反常的变化,风向突然掉了头,变成自北面吹过来,我们被卷入昏天黑地的密密的雪暴之中。我很庆幸当自己高高骑在骆驼背上的时候有手炉可以暖手。到达交瓦(Jo-wa,蒙古语为"陶尔根")之时,无论是骆驼、骑在骆驼背上的人,还是行李全都被覆盖了一层厚厚的白雪。

　　从这里开始,道路沿着托里(Toli)小溪而渐渐地向着东南方向弯折。随后我们进入阿拉善山脉中的一个宽阔的山坳,顺着漫长但并不难走的斜坡登上托木奥登(Tömur-öden)的小山口,然后在山脉的另外一侧顺着同样平缓的斜坡走下来,到达位于一个名叫"Da-ching"的客栈。从此处开始沿着缓坡地势一路下降,一直降到黄河边上,而道路则斜向了东北方向,因此阿拉善山脉现在位于我们的左侧。

　　晚上,我们在满族城镇宁夏过夜,这里其他方面都与普通的中国城镇没什么区别,只是妇女的服饰稍有不同,而且她们并没有裹脚。之后我们继续前进,1月18日到达了宁夏,一到这里我便直接去了瑞典传教

● 宁夏的大门

士们的家。

见到自己的同胞是件真正令人高兴的事。他们是皮尔奎斯特夫妇以及他们的三位助手,其中的两位是年轻男子,另一位则是个年轻的女士。在他们的房子中所享受到的两天热情的招待也让我感到无比惬意。在一间保暖性良好的房间里,躺在一张真正的床上,这是多么地奢侈啊!这天夜里,我再也不必把自己紧紧裹在一堆毛皮之中以防被活活冻死。

宁夏的传教事业开展得热火朝天,也取得了极大的成功。这里有一个由30名信奉基督教的中国人所组成的团体,在早晨和下午都会举行诵读活动。当然其中大部分人无疑仅仅是来满足一下自己的好奇心。

皮尔奎斯特夫人告诉我,她极少能遇到一个20岁还未嫁人的中国女孩,她们常常是在12岁至15岁就出嫁了,而且当她们还只是很年幼的孩子的时候,她们就会裹脚。

我后来又去拜访了另一个瑞典人的传教站,那里的传教士曾经救过一个新生的婴儿,当时他刚刚被丢弃在城墙外的城壕之中,那小家伙躺在那里哭得很厉害。传教士们把他捡了回来,给他喂奶并悉心照料,两三年后他就长成了一个非常可爱的小家伙。就在这时孩子的父母找来了,他们向传教士乞求,恳请其允许自己把那孩子再带回去,当然他们的请求得到了满足。

除了撒播基督教信仰的种子之外,传教士们还践行了大量纯粹的善举。他们救了一两个婴儿的命,还成功地劝说几位妇女解开了那严重扭曲她们的双脚的裹脚布,以让其长回自然的形状。

还有许多次,我听说传教士们用洗胃器救了那些由于服用过量鸦片而差点丧命的人。就在我留在传教站休息期间,半夜里我不止一次地被外面敲击大门的巨大声响所吵醒,有人报告说在某处某处有个人马上就要死了,他刚刚服用了一剂鸦片,传教士马上就带着洗胃器火急火燎地匆忙赶过去挽救那个人的生命。有时候,被救的人会对将自己从死神的魔爪下夺回来的人感激涕零。

宁夏曾是一座拥有6万人口的大城市,但是历次的战乱对其打击很大,至今这座城市仍然没有从打击当中恢复过来,它现有的人口仅为

1.2万人至1.5万人之间,而且只在城市的中心区有人居住,而临着城墙的外围区域全都荒废了——没有居民,没有商铺,也没有往来交通。

　　宁夏地区同时还大量出产稻米、小麦、黍米、蚕豆、豌豆、蔬菜、杏子、苹果、梨、葡萄、西瓜和桃子,菜园和果园通过从河的左岸引出的长长的人工引水渠得以灌溉。宁夏也是内陆地区与滨海地区之间进行羊毛交易的一个活跃的中心,不过在夏季,羊毛则是被装载到船上沿黄河而下运输到其他地方去的。

第
九
十
六
章

# 前往北京及回家

　　我那长途旅行剩下的部分,即从宁夏到沿海地区,经过的都是广为人知的地方,因此,我将只描述其中发生的一两件事,并加快节奏写完这本书。在我于亚洲旅行的整个行程当中,穿越鄂尔多斯的这段路是我所走过的最艰难的路段之一。我已经厌倦了旅行中的孤独、艰辛与疲惫,剩下的这740英里路程是以强行军的速度完成的,我正在回到可以休息的地方!

　　从宁夏到包头有好几条路线。在夏季,最方便的路线是坐船顺黄河而下,而在比较寒冷的季节里,旅行者则有若干选择:可以沿着黄河左岸那"较长的路"行进,可以遵循穿越鄂尔多斯的几条小径中的某一条,也可以穿过黄河北边的河套与长城之间的那片蒙古族人居住的地区。沿着穿越鄂尔多斯的所有路径中最短的那一条行进可以省出5天的时间来,但旅行者必须要忍受艰苦的沙漠旅行所带来的种种不便。❶

　　总共用18天时间行进了267英里。

---

　　　　❶　以下略去从宁夏到包头的里程与驻地名称。

我于 1 月 21 日出发,传教士们陪伴我走了第一天的部分路程。在前 4 天,我们路过一串村庄,都位于从黄河里引水的人工灌溉渠旁边。那 9 峰从凉州府出发之后就一直驮着我和我的行李的骆驼仍然还跟着我,我们从冰面上过了黄河,冰层十分结实,承受着沉重的骆驼的重量却没有发生一次断裂。河面的宽度为 374 码,当我们走到河中央的时候,它看起来似乎辽阔之极,但河水流过的却是一片极端荒凉而贫瘠的地区。在河右岸隔着一段距离是一串低矮的山丘,站在其顶峰向东看,可以获得一个毫无阻挡的开阔视角。

我们从鄂尔多斯开始的第一站停在了凄凉的荒原之中,那里没有井,也无法获得一滴水,幸运的是,我们听从东干向导的建议,带了两三大袋河里的冰。不过在其他的停留点几乎都有水井与优质的水,比如说 1 月 28 日,我们在名叫"包越井"(Bao-yeh-ching)的水井处休息,那口井有 134 英尺深,井壁是用砖头围砌起来的,里面的水温为 42.3°F(5.7°C),尽管在把水从下面拉到井面上的这段漫长的距离中水温无疑已经下降了一点儿。同样在此地过夜的一些蒙古族人信誓旦旦地说这口井已经有 4000 年的历史了。

整个这一路的道路都是一流的——坚硬、平整而笔直,其表面简直就像海洋一样是完全平坦的。种种迹象表明,这条路是常被人走的要道,尽管我们只遇到过区区几支旅行队伍,不过这主要是因为此时绝大部分中国人都待在自己家里过春节,而且我们所选择的这条路绝不是穿越鄂尔多斯的唯一途径。还有一条比这条略微长一些的路径主要是供车队行走,而其他道路上走的基本都是骆驼队。

这一地区的北部人口极为稀少,居于此地的都是游牧的蒙古族人。我们仅仅路过了两三处宿营地,都位于生长着少量牧草的地方。鄂尔多斯北部大都是荒漠,在我们所经过的绝大部分地域,寸草不生的荒芜就是其唯一的地貌特征。

不过,由于我们有米饭、饼子和羊肉等充足的食物储备,可以完全不依赖于有人居住并经过开垦的区域,因此,造成穿越鄂尔多斯的旅程极端艰难费劲的原因并不是此地无人定居或未经开垦,而是我们所经历的那糟糕透顶的天气。每天,暴风雪几乎从不例外地自西北方肆虐而来,风暴与极度的严寒冻彻我们的筋骨。

我使用"暴风"这个词的时候并不是指其通常被接受的含义,而指的是真正意义上的飓风,它带着几乎不可抗拒的狂暴力量横扫过鄂尔多斯那些无遮无挡的平原。我经常感到自己好像每时每刻都有可能从鞍座上被卷走,或者是连骆驼也被整个掀翻。毛皮和其他包裹物都基本起不到什么保护作用,风能够穿透任何东西。许多次每当碰到几株干枯的草原植物的时候,我们就会停下几分钟来将其点燃,以这种方式为自己麻木冻僵的四肢解冻。

1月31日,从西面刮来一场我们所经历过的最猛烈的飓风,继续向前行进是根本不可能的。当时我们正巧在位于一片开阔的草地中央的名叫"黑马井"的水井旁扎营,没有任何遮蔽物可以在狂啸怒吼的暴风中为我们提供保护。我的帐篷被吹翻了,我担心它会被扯成布条。伙计们用行李箱码出某种环形的壁垒,再在上面盖上毡毯,他们相互依偎着蹲坐在里面,待了整整一天。根本就无法保暖,所有东西都是冰冷冰冷的。如果不小心把几滴茶水洒到了毛皮上,它们立即就会结成冰,看起来就好像硬脂一般。我的墨水冻成了硬邦邦的一大块,因此我不得不用铅笔来记笔记。

2月1日,我们又遭到了同样强度的暴风的侵袭,同时气温降到了1.4°F(-17℃)。这是相当危险的,必须要小心翼翼,以防自己被冻伤。如果我没有那个我在前文中提到的中国手炉,我都无法想象自己的双手将会变成什么样子。白天我骑在骆驼背上,将手炉搁在自己的膝头,夜里当我躺下睡觉的时候,我把它带上床,放在自己旁边。洗漱也绝不是一件令人愉快的事,因为如果你不是以飞快的速度完成这个过程的话,水就会在你脸上冻结。

最剧烈的严寒出现在2月伊始,从2月1日到2月2日的那个夜间,最低温度是-22°F(-30℃),接下来的一夜气温为-27.4°F(-33℃),同时帐篷内的最低温度是-16.2°F(-26.8℃)。

我们于2月6日到达河窊头(Ho-jeh-to),这是沙漠北部边缘地区的第一座村庄。第二天,我们越过黄河,此处两岸之间的河面宽度为420码。

2月8日,我们抵达包头,我在那里受到了瑞典传教士海勒伯格夫妇的友好欢迎。他们聚集起一个有10名已接受洗礼的人参加的小团体,并且为孩子们开办了一所学堂。他们全身心地投入到自己的工作之中,我从未见过比他们更快乐热情的人。他们与其他6位瑞典传教士都隶属于基督教联盟美国分会,该协会在从北京到包头的这一路上开设了一系列传教站。

不过现在我的耐心已经彻底耗尽了,我想我的读者们也是一样。我很放心地将斯拉木巴依与旅行队伍留在后面,自己则于2月12日单独上路,乘坐一辆骡子拉的两轮小车,随行的只有一位赶车人。我们一路东行,途经萨拉城(Sa-la-chi)、道城(Dö-chi)和北下城(Beh-sia-chi)等城镇之后到达归化城(今呼和浩特)。在以上提到的每一处我都非常高兴地遇到自己的同胞,事实上,在最后那个地方,我总共见到了18位瑞典人、1位挪威人和1位丹麦人,他们都是美国基督教联盟的成员。归化城是该协会的中心所在地,即将加入传教事业的新候选人在前往那几个分站之前,都要先在这里学习汉语。

从归化城出发,我花了8天时间途经多地之后抵达张家口,这座城处于山丘的包围之中,而长城就随着山丘的起伏上上下下地蜿蜒。张家口也有瑞典与美国传教士,但我没时间在此地多作停留,现在我还有4天行程就能到达北京了。

● 张家口与北京之间的长城　　　**791**

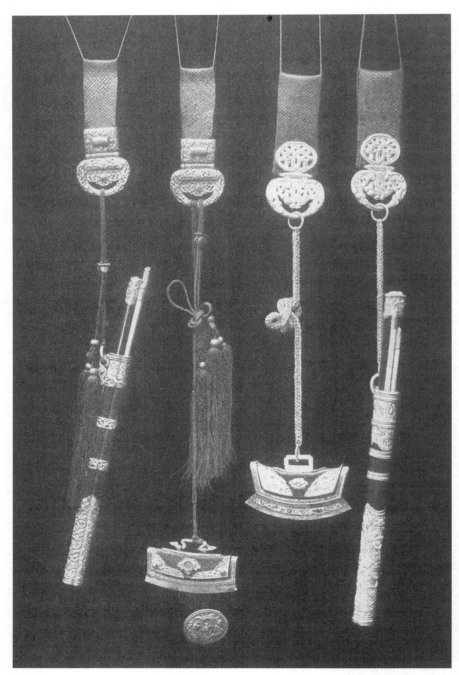

● 在张家口购买的刀具

　　我在张家口雇了一个驮轿以及两头抬轿的骡子。随后,在一名仆人的陪伴之下,我先后途经宣化府和南口,在以上每处都停留过夜。在此之后,我们顺着南口河谷小心地穿过边缘山脉从蒙古高原下行到平原地区,这片平原一直延伸到北京城的城墙那里。

　　3月2日以后,我们又经过不计其数的村庄与寺庙,越过数量众多的人工水道,在路上随时随地都会遇到成群结队的旅行者。我并非对那天独特的庄严隆重的气氛无动于衷,这毕竟是我穿行亚洲的漫长旅行的最后一天。时间似乎过得尤其慢,骡子好像从来都没有像那天一样行动如此迟缓。我的中国仆人一遍又一遍地大喊着:“我们马上就要到那儿啦!”但是新的村庄、新的寺庙、新的菜园还是不断地跃入我们的视野,而我们在那些弯弯曲曲的小径之间常常迷失方向。我已经在亚洲旅行了超过上千个日日夜夜,可在我看来,这最后一天却似乎比之前那么多天加起来还要长。

　　最后,我终于瞥见了远处的两丛树影之间露出的一点灰色的东西。“北京!”我的仆人大叫一声。他说的没错,这正是北京城那雄伟的城墙——这里正是我穿行亚洲的漫长旅程的最终目的地!

　　我骑马穿过北京城的南大门时所感受到的那种心情,实在不是用手中的这支笔能够形容出来的。在整整一个多小时的时间里,我的骡子一直在石块铺就的道路上小跑,这条路从外侧沿着城墙兜过北京城的西边与南边。城墙是灰色的,高度超过了40英尺,它雄伟壮丽,呈四方形包围住整座城市。不过我们最终还是进入城内,并走向天安门,这道门上竖着一个巨大而突出的长方形塔楼,隧道般的长长拱道在其下方延伸,来来往往穿过城门的行人、马车与牲畜就好像是忙碌于蚁丘上的蚂蚁一般。

　　从天安门到欧洲各国公使们所在的街道只有一小段路程,我知道在那条街上有一家法国旅馆。经过漫长的旅行,我的衣服已经显露出糟糕的磨损痕迹,总的来说我现在的外表看起来狼狈邋遢,仪容不整,所以我认为更明智的做法应是先隐匿身份在旅馆里待上几天,直到把自己收拾得体面像样了再出门。

　　可是,我的驮轿还没在公使们所在的街上走出多远,我就看到了一座用石灰水刷白了的巨大的大门,门外立着两个哥萨克哨兵。我向他们询问这是谁的房子，他们告诉我说这里是俄国公使馆。这句话对我产生了强大的作用，我立刻跳出轿子走进那所房子。在那个瞬间，我已经丝毫不关心自己的外表了，也完全无视连那两个哥萨克人都穿得比我好得多的事实。我匆匆忙忙用手整理了一下杂乱纠结的胡须，抖掉身上厚厚的尘土，然后从两个目瞪口呆的哨兵中间穿了过去。我沿着一条铺着石头的小径穿过一座花园，到达俄国公使的住所。我摇响门铃，一个中国仆人过来打开了门，用俄语问我要见谁。我问他临时代办巴布罗夫先生（Pavloff）是否会客，因为我知道公使喀希尼伯爵（Count Cassini）最近不在北京。巴布罗夫先生可以会客，他立即接见了我，并且显示出最大程度的热情与亲切。自从接到从圣彼得堡传来的我已经向着中国首都进发的通知以来，他就一直在期待着我的到来，已经等了很长时间。他们已经为我备好了几个房间，它们在此后的一个月之内都由我来随意支配。

于是这里就成了我的隐居之所——一个漂亮的房间，一切家具和装潢都体现着欧洲式奢华的精美与优雅，地板上铺着昂贵的地毯，墙壁上挂着中国的刺绣作品，壁龛内和基座上放置着古董花瓶，还有——在我看来这是多么辉煌的场景——一张真正的床！躺在上面我会把自己旅行中最后几天过夜所在的那些寒酸的小客栈忘得一干二净。从家乡来的信件和报纸在房间中央的桌子上堆成了一座体积可观的小山，其中时间最久的那些甚至是在整整13个月之前收到的。一位讲英语的中国裁缝为我量体裁衣以便日后做一套新衣服的时候，我贪婪地阅读着信件与报纸上宝贵的内容，那份急切真说得上是如饥似渴！

随后，我拜访了各个公使馆，所到之处都受到了热情的追捧。英国驻华代表麦克都纳德爵士（Sir Claude MacDonald）、法国公使 M.热拉尔（M. Gérard）及其秘书塞尔西伯爵（Comte de Sercey）、德国公使海根男爵（Baron von Heyking）、美国公使登比（Mr.Demby）以及我以前曾在德黑兰（Teheran）遇到过的荷兰公使诺贝尔（Mr.Knobel），都以最友好的态度迎接我，并且祝贺我圆满完成了这次旅行。我还收到了奥斯卡国王发来的贺电。

不过，这么多年来孤身徘徊于亚洲那些未开化与半开化的部落中的经历，一定会在一位欧洲人身上产生某些影响，我很快就对欢乐的宴会活动感到厌倦,而且在光鲜亮丽的人群中感到尴尬窘迫,格格不入。从西藏、柴达木以及戈壁的那些凄凉孤寂荒漠到这些场合的转变实在是太过突兀,使我一时间还无法适应。

休整了12天之后,我向许多新朋友道别,然后开始朝着自己的祖国进发。巴布罗夫先生非常好心地答应替我照看行李,并使其免费从西伯利亚直接运过境。有3条去欧洲的路线可供我选择:最短的一条是取道温哥华和纽约;最舒适的方式是乘邮轮短暂停靠印度之后,穿过苏伊士运河;而第三条则是路线最长也最累人的一条路,即从蒙古与西伯利亚横穿大陆。但我却选择了这第三条路线,因此我再一次穿行了亚洲,尽管这回我所享受到的条件非常不同。我乘坐一辆中国式的两轮车,以飞快的速度越过无穷无尽的平原、荒漠以及戈壁上的干草原,经过萨依乌苏与库伦之后,到达恰克图(Kiakhta)。

车子是由4个骑马的蒙古族人拉动前进的。车辕的末端系着两根绳子,而在绳子那接近车辕末端的地方套着一些圆环,用它们固定着一个木条钉成的十字,其中两个人就把那木十字放在自己膝头,而另外两个人则将绳子的另一端系在腰间。我们全速飞奔过干草原,车子一路上都嘎吱作响,摇摆不停,我几乎都要被晃散架了。

只有拥有了总理衙门颁给的一个特别通行证,才能以飞快的速度一路前进。被派遣的信使会提前到达每一站,因此总能够找到严阵以待地等着旅行者的良马。每一站都有20个骑手,只要一组的4个人感到疲倦,下一组马上就会接替上来,而且他们的交接进行得如此迅捷与灵巧,坐在车里的旅行者几乎都感觉不出其间有什么变化,除非他此时正巧在从窗户中向外看。但我们后来走过的地方并没有清晰明确的路径,也没有驿站,只有蒙古族人的帐篷村落。在这种情况下,我们就得依靠游牧者提供马匹,并且向他们解释我们为什么无法沿着任何众所周知的道路前进,而每组被替换下来的蒙古族人便骑马直接前往下一处宿营地。我们穿过干草原,越过峡谷,在连绵起伏的山丘间上上下下。在蒙古北部的一些地方,地上已经覆盖了一层厚厚的白雪,因此骑手便用骆驼取代马匹作为坐骑。

我在库伦参观了供奉未来佛迈达理的庙,也正是在库伦,我告别了自己忠实的随从斯拉木巴依,他乘坐在紧紧跟随在我的车后面的第二辆车里穿越了蒙古。他热切地企盼着能与我一起回瑞典,但这却是件不可能的事。告别时我们难分难舍。俄国驻库伦的领事鲁巴(Luba)先生将负责照看他,并且为其安全起见,将把他以俄国邮政信使的身份送到乌里雅苏台,从那里他可以经迪化前往喀什噶尔,然后再到费尔干纳的奥什。后来,我从塞特萨夫上尉(Captain Saitsaff)那里得知,他安全地抵达了奥什,并且受到了自己妻子以及其他家庭成员的热情迎接。

感谢巴布罗夫先生的殷勤好意,使我在从北京到恰克图的一路上都享受着哥萨克人的护卫。从恰克图开始,我改乘俄式大型四轮马车、雪橇以及俄式四轮运货马车,途经贝加尔湖、伊尔库茨克一直走到坎斯克,又从坎斯克坐了9天的火车来到圣彼得堡。

1897年5月10日,我终于看到了斯德哥尔摩的尖塔与房屋。在辽阔的亚洲大陆的腹地旅行了整整三年零七个月之后,再一次踏上瑞典的土地,我所感到的是无与伦比的激动与真正的幸福!

# 编译说明

《穿过亚洲》是瑞典探险家斯文·赫定为考察亚洲中间地带而横贯亚洲的中亚考察纪实。

本书详尽记述了其从 1893 年 10 月离开家园，历经艰难前往中国新疆，挑战攀登"冰山之父"慕士塔格峰，在和阗河以西的荒漠经历死亡之旅，对塔里木进行深入细致的考察发现第一座古城丹丹乌里克，之后进入藏北、青海，再折向北通过河西走廊、游牧古道抵达中国北京，于 1897 年夏回到斯德哥尔摩的近四年的探险考察历程，其中不乏一些令人激动、震惊的地理发现和从作者特有角度呈现的特有事件，从一定程度上将亚洲的过去与现实呈现给世界，也成就了斯文·赫定这位年轻的探险考察家。

1898 年，《穿过亚洲》瑞典原稿被译成英文出版，同时被翻译成德、俄等文字出版。中译本以 1898 年 METHUEN & CO.36 ESSEX STREET，W.C. LONDPN 出版的英文本为原本，于 2013 年分上、下两册出版，其中 1～52 章（上）由赵书玄、张鸣译，53～100 章（下）由王蓓译。该版收入英文版原书中大部分的插图,并增补了注释,确定了图说内容及插图位置,对原稿内容进行了尽可能真实详尽的展现,希望为读者认识、体会亚洲腹地独特的历史文化内涵,特别是了解西域探险史以及从探险考察角度探索中国新疆,打开一扇窗口。

当然,同古今中外一切历史文化遗产一样,本书不可避免地存在因时代而制约的历史局限性和因作者的立场决定的各种局限性,也包含着作者某些偏颇的观念和认知错误。解析原书中的所有局限性和认知错误,正是学术界秉承历史唯物主义立场、科学对待古今中外一切历史文化遗产的使命。在出版环节要做的是,坚守中华文化立场,在中外文化交流中坚持以我为主、为我所用的立场和态度,取其精华,去其糟粕。

此版对全文进行了删节,分为上、中、下三册,纳入"新疆探索发现系列丛书"。此次修订征得译者同意,编辑查阅权威资料,只对所涉及的大量地名、专有名词作了适当统稿处理,其他诸如杂糅交替使用的量、单位和符号,未作翻译的外文,以及多数音译名的括注等,保留译著原貌未作处理,但对部分古今地名、历史背景等增加了页下注。

不妥之处,敬请批评指正。

2023 年 4 月